Syeda Nidra Hussain

Efeitos antagónicos da bacteriocina de Bacillus subtilis

Syeda Nidra Hussain

Efeitos antagónicos da bacteriocina de Bacillus subtilis

ScienciaScripts

Imprint
Any brand names and product names mentioned in this book are subject to trademark, brand or patent protection and are trademarks or registered trademarks of their respective holders. The use of brand names, product names, common names, trade names, product descriptions etc. even without a particular marking in this work is in no way to be construed to mean that such names may be regarded as unrestricted in respect of trademark and brand protection legislation and could thus be used by anyone.

Cover image: www.ingimage.com

This book is a translation from the original published under ISBN 978-620-2-01419-9.

Publisher:
Sciencia Scripts
is a trademark of
Dodo Books Indian Ocean Ltd. and OmniScriptum S.R.L publishing group

120 High Road, East Finchley, London, N2 9ED, United Kingdom
Str. Armeneasca 28/1, office 1, Chisinau MD-2012, Republic of Moldova, Europe
Printed at: see last page
ISBN: 978-620-7-68419-9

ÍNDICE DE CONTEÚDOS

Resumo

A conservação de alimentos através de algumas abordagens naturais e biológicas é uma metodologia satisfatória para resolver perdas económicas assustadoras devido à contaminação de alimentos crus e também de produtos alimentares. A conservação biológica reduz a ocorrência de doenças de origem alimentar e satisfaz as necessidades alimentares das populações mundiais em crescimento. Uma vez que as preocupações dos consumidores relativamente à segurança dos alimentos e dos conservantes alimentares estão a ser questionadas há vários anos, as aplicações da bacteriocina *de Bacillus* nas unidades de transformação de alimentos e nos cuidados de saúde humana têm merecido uma atenção notável. *Bacillus subtilis* foi isolado de amostras de solo. As características microscópicas e bioquímicas foram determinadas. Os compostos antimicrobianos proteicos foram extraídos através do método de precipitação com sulfato de amónio. A bacteriocina foi parcialmente purificada através de SDS-PAGE. Foi efectuada a otimização da bacteriocina em diferentes níveis de pH, temperaturas de aquecimento e condições de armazenamento. As estirpes indicadoras foram obtidas em CMS, UAF, Faisalabad. Os ensaios antimicrobianos da bacteriocina extraída foram determinados em meio Mueller-Hinton através do método de difusão em poço de ágar. A bacteriocina extraída mostrou comparativamente uma melhor atividade antibacteriana contra o indicador *Staphylococcus aureus* seguido de *E. coli* e *Salmonella enteritidis*. A atividade máxima foi observada a pH 7, temperatura de aquecimento 37°C e armazenamento 4°C contra bactérias Gram positivas.

CAPÍTULO 1

INTRODUÇÃO

A economia das unidades de transformação de alimentos é esmagada devido ao aparecimento de agentes patogénicos nocivos nos produtos alimentares. E a grande dissipação da confiança nas indústrias alimentares foi engendrada devido a sustos de saúde em consequência do consumo de alimentos estragados ou sujos. Apesar dos avanços nas tecnologias de conservação dos alimentos e da heterogeneidade na transformação dos alimentos e das matérias-primas, a inteligência dos micróbios tornou-os capazes de escapar aos produtos alimentares de forma muito rápida e inteligente, causando a deterioração dos alimentos, a maior preocupação da atualidade (Adams e Nicolaides, 1997).

A fermentação é o mais antigo estratagema de conservação de alimentos desde 600 a.C. Técnicas como a conservação química utilizando nitritos, sulfuretos e diferentes sais (especialmente para a prevenção de micróbios fúngicos e bacterianos), temperaturas ultra-altas, pressão ultra-alta têm falhado em tornar os alimentos seguros contra a deterioração nos últimos 13-15 anos. O problema continua a não ser controlado, apesar dos recentes avanços na tecnologia alimentar (Fox, 1993).

Durante algumas épocas passadas, o problema mais grave de segurança alimentar tem sido colocado por doenças de origem alimentar, especialmente de origem microbiana. As doenças maciças que resultam em hospitalizações e mortes em massa são intensamente relatadas por agentes patogénicos de origem alimentar. Este problema foi acelerado pela expansão do comércio de alimentos e pela globalização, que acabaram por atingir os valores económicos do comércio de processamento de alimentos (Buzby e Robert, 1997).

A segurança alimentar está a ser ameaçada há vários anos pela contaminação de produtos alimentares com micróbios patogénicos e toxinas. Os alimentos de origem animal são os mais susceptíveis de serem contaminados por agentes patogénicos. Principalmente as crianças e os indivíduos com o sistema imunitário comprometido estão em risco de contrair doenças de origem alimentar (Schlundt, 2000).

Os surtos foram inicialmente catalogados na década de 1970 e a maioria dos casos foi informada a partir de 2000. Nessa altura, *a Salmonella typhimurium* foi considerada a causa mais nociva e frequente de doença. Atualmente, as causas mais comuns e repetidas de doenças de origem alimentar são as espécies de *Salmonella*, *E. coli* produtora de toxina Shiga, *Campylobacter, Listeria monocytogenes*, *Staphylococcus aureus*, espécies de *Yersenia*, espécies de *Pseudomonas*, espécies de *Camplyobacter* e muitas outras causas fúngicas e virais (David *et al.*, 2002).

A Organização Mundial de Saúde estimou que cerca de 1 milhão de pessoas em cada país morrem devido à contaminação de alimentos por micróbios letais de origem alimentar. A carne e os produtos à base de carne são considerados a principal causa na maioria dos casos. Este problema não é recente, mas já está estabelecido, pelo que deve ser objeto de um exame minucioso e de medidas preventivas para minimizar a morbilidade e a mortalidade.

Atualmente, as graves ameaças modeladas por bactérias e fungos alimentares resistentes aos antibióticos aumentaram a necessidade urgente de utilizar algumas terapêuticas de substituição. A este respeito, os péptidos antimicrobianos (Amp's) gozam de boa reputação como compostos terapêuticos antimicrobianos potenciais e muito promissores (Mead *et al.*, 1999).

Os microrganismos são capazes de produzir uma gama versátil de sistemas de defesa microbiana. Podem produzir anticorpos de largo espetro, agentes líticos e muitos tipos de moléculas proteicas com acções bactericidas e antimicóticas. Os péptidos antimicrobianos são basicamente polipéptidos endógenos de defesa do hospedeiro que constituem a imunidade inata e protegem o indivíduo de ataques assustadores de micróbios patogénicos (Zasloff, 2002).

Os péptidos antimicrobianos revelam actividades de largo espetro contra bactérias Gram positivas e Gram negativas, sendo também eficazes contra vírus e fungos mortais. Estes peptídeos são também adquiridos pelos seus notáveis calibres, uma vez que apresentam menos propensão para desenvolver resistência a múltiplos fármacos. A resistência bacteriana aos fármacos é conseguida de muitas formas, incluindo a modificação da estrutura proteica do local de ligação fármaco-alvo, a inibição drástica das interacções fármaco-alvo e o efluxo do fármaco a partir do alvo. As bactérias também podem modificar os seus códigos genéticos utilizando sistemas de tradução de sensores na presença de AMP (Teixeria *et al.,* 2012).

Os AMP têm um papel antimicrobiano intenso e notável e têm aplicações potenciais nas indústrias terapêutica e alimentar devido ao rápido início e à atividade de largo espetro e também à baixa emergência de resistência aos medicamentos. No entanto, estes péptidos não foram aprovados pela FDA para a sua utilização como alternativas devido à sua propriedade de serem lábeis no ambiente do hospedeiro. Degradam-se na presença de proteases e de alterações drásticas do pH. A FDA não aprovou a utilização destes agentes devido aos seus elevados custos e à toxicidade associada às aplicações orais de AMP (Rozek *et al.*, 2003).

No entanto, a resolução destes obstáculos também tem sido planeada por esforços científicos. Os estudos científicos têm aprovado a introdução de um tipo invulgar de aminoácidos (aminoácidos de forma D) e também a modificação das regiões terminais por acetilação e amidação, resultando na conservação dos péptidos da degradação das proteases e tornando-os ainda mais estáveis para realizar a ação adequada (McPhee *et al.*, 2005). E a solução eficaz para o custo de produção é reduzir o tamanho dos péptidos utilizando técnicas avançadas de bioengenharia.

Principalmente os micróbios competem pelo espaço e nutrientes limitados no seu tipo particular de ambiente, razão pela qual produzem tipos especiais de compostos, incluindo proteínas, péptidos bioactivos, antibióticos e bacteriocinas (Heng *et al.*, 2007).

As bacteriocinas são péptidos bioactivos sintetizados por via ribossómica, compostos por cerca de 30-60 aminoácidos, produzidos tanto por bactérias Gram negativas como Gram positivas. São geralmente, mas nem sempre, eficazes contra as estirpes mais estreitamente relacionadas com as estirpes produtoras (Klaenhammer, 1988).

As bacteriocinas são classificadas em várias categorias. As bacteriocinas de classe I são designadas por lantibióticos. Estes péptidos sofrem configurações pós-traducionais antes de produzirem péptidos activos. A nisina, uma bacteriocina amplamente estudada, pertence às bacteriocinas de classe 1 e é mais frequentemente eficaz contra os agentes patogénicos que deterioram os alimentos. A classe II é muito pequena, com pesos moleculares baixos e estável ao calor com membranas activas. A classe III é relativamente maior em tamanho, com estabilidade térmica, enquanto a classe IV tem algumas diferenças estruturais e funcionais que requerem uma outra porção não proteica para a sua atividade adequada (Klaenhammer, 1993).

Os estudiosos forneceram o conceito de bacteriocina baseado na colicina e referiram algumas características puramente associadas a este péptido antimicrobiano. Afirmaram que a bacteriocina é produzida apenas por espécies bacterianas com um modo de ação bactericida com um espetro de atividade estreito contra estirpes produtoras estreitamente relacionadas. Para a sua atividade, estas têm de possuir moléculas proteicas especializadas e receptores de superfície celular. A bacteriocina é libertada extracelularmente, sem risco de reacções de hipersensibilidade (Tagg, 1991).

Filogeneticamente, as bactérias do género *Bacillus* pertencem à família das Firmicutes. Os membros do género Bacillus são Gram positivos, em forma de bastonete, aeróbicos e formadores de endosporos. Caracterizam-se principalmente pela produção de catalase e pelos seus padrões de distribuição omnipresentes. Os bacilos encontram-se em diversos ambientes, como o solo, a argila, a vegetação, o nicho aquático e o trato gastrointestinal de muitos insectos e animais (Nicholson, 2002).

As espécies de *Bacillus* são excelentes produtores de compostos antimicrobianos, tais como péptidos, antibióticos e bacteriocinas. A sua capacidade de produzir esporos resistentes e compostos antimicrobianos confere-lhes a vantagem dualista de existirem em diferentes habitats. A presença de espécies de *Bacillus* em géneros alimentícios nem sempre implica envenenamento e apodrecimento; em vez disso, a sua presença em diferentes alimentos é o requisito final para a fermentação de diferentes culturas de arranque utilizadas nos territórios da África Oriental e do Sul (Hosoi e Kiuchi, 2003).

A produção de bacteriocinas por *Bacillus* é considerada a segunda produção mais importante depois das *bactérias do ácido lático* (LAB). Não só produzem grandes quantidades de bacteriocinas sintetizadas por via ribossómica, como também alguns péptidos não produzidos por via ribossómica, que são substâncias inibidoras semelhantes a bacteriocinas (BLIS), péptidos geneticamente não caracterizados. Assim, *os bacilos* são prolíficos na produção de bacteriocinas verdadeiras e também de BLIS (Gebhardt *et al.*, 2002).

Os péptidos produzidos por *Bacillus* são altamente específicos contra estirpes bacterianas relacionadas, mas alguns têm uma atividade de largo espetro. A primeira bacteriocina foi a colicina produzida por *E. coli* e depois a produção foi registada a partir de BAL e foi geralmente considerada segura (GRAS), sendo utilizada em produtos alimentares como bioconservantes (Cleveland *et al.*, 2001).

São relatadas demasiadas aplicações da bacteriocina *de Bacillus* em muitos aspectos da vida. A bacteriocina *de Bacillus* está a ser utilizada como probiótico para o tratamento de infecções intestinais causadas por diferentes bactérias Gram positivas, devido à sua atividade inibidora. São também utilizadas como contraceptivos e espermicidas. Um composto antimicrobiano produzido por *Bacillus subtilis* é amplamente utilizado para inibir infecções causadas por *Salmonella, Staphylococcus aureus, L. monocytogenes* e leveduras (Sirtori *et al.*, 2006).

Reconhece-se que os membros do género *Bacillus possuem* um vasto arsenal de elementos antimicrobianos, incluindo antibióticos lipopeptídicos e peptídicos, bem como bacteriocinas. A maior parte das bacteriocinas de *Bacillus* enquadra-se nos lantibióticos, uma classe de péptidos formados pós-traducionalmente e amplamente dispersos por diferentes espécies bacterianas (Hikmate *et al.*, 2011).

Os lantibióticos estão basicamente entre os compostos antimicrobianos mais bem definidos e caracterizados ao nível das estruturas peptídicas, dos determinantes genómicos e também das ferramentas de biossíntese. Os membros de *Bacillus* produzem igualmente numerosas outras bacteriocinas não modificadas, algumas das quais se assemelham à bacteriocina do tipo pediocina das *bactérias* Gram positivas do *ácido lático* (LAB), enquanto outras apresentam sequências peptídicas totalmente novas (Guder *et al.*, 2002).

As bacteriocinas do género *Bacillus* estão a ganhar progressivamente mais importância devido aos seus espectros de inibição mais amplos (tal como acontece com os registos das bacteriocinas LAB), que também podem incluir leveduras, micróbios Gram-negativos, para além de bactérias Gram-positivas, que são identificadas como bactérias patogénicas para os animais e os seres humanos. Estudos demonstraram a potencial utilização de bacteriocinas *de Bacillus* na proteção de alimentos como conservante aceite (Sharp *et al.*, 1989).

As bacteriocinas de *Bacillus* também têm atraído enorme atenção na saúde animal e humana como substitutos dos antibióticos convencionalmente utilizados. Além disso, as suas reivindicações ambientais, como a bioprotecção ao lado da decomposição da vegetação, a decomposição pré e pós-colheita e como promotor do crescimento das plantas, também são transmitidas. As bacteriocinas *de Bacillus* também encontram a sua potencial utilização no processamento de alimentos e exibem uma excelente ação contra bactérias Gram positivas e Gram negativas responsáveis pela deterioração dos alimentos nas indústrias. Estes péptidos apresentam uma resistência notável numa vasta gama de pH e temperatura (Yokotsuka, 1985).

Os modos de ação das bacteriocinas de *Bacillus* fazem com que estas provoquem uma diminuição precipitada da quantidade de células viáveis dos micróbios de origem alimentar sem alterar as densidades ópticas da bacteriocina utilizada na experiência. O elemento inibidor de *Bacillus* actua de forma bacteriostática ou bactericida sobre as células sensíveis (Ogunbanwo *et al.*, 2004).

A bacteriocina também foi antecipada como uma alternativa auspiciosa aos antibióticos prevalecentes para o tratamento de doenças de origem alimentar, por ser de baixo preço e não perigosa para a saúde humana e animal (Lewus *et al.*, 1991; Milles *et al.*, 1992).

Algumas leituras avaliaram a eficácia terapêutica das bacteriocinas no tratamento de doenças animais e humanas causadas pela deterioração dos alimentos, devido à resistência demonstrada pelos micróbios resistentes aos antibióticos convencionais. Por isso, a bacteriocina é um possível candidato como composto antimicrobiano e também como promotor de crescimento eficaz em ambientes agrícolas e industriais. Assim, observando atentamente os crescentes e terríveis danos diários das unidades de manuseamento de alimentos e as influências assustadoras na saúde humana, o presente estudo foi definido com os seguintes objectivos

- Extração de bacteriocina de *Bacillus subtilis* isolado do solo, argila e matéria vegetal em decomposição.
- Determinação *in vitro* do efeito antagonista da bacteriocina isolada contra agentes patogénicos de origem alimentar.

CAPÍTULO 2

REVISÃO DA LITERATURA

2.1 Introdução e ecologia das bactérias *Bacillus*

O género *Bacillus* é basicamente um grupo heterogéneo de micróbios pertencentes a espécies de bactérias Gram positivas. Trata-se de aeróbios Gram positivos formadores de endosporos em forma de bastonete, incluindo extremófilos e mesófilos. Como fonte de carbono, estes micróbios dependem da matéria orgânica, pelo que são considerados metabolicamente quimiorganotróficos. Os *bacilos colonizaram* ambientes diversificados devido à sua capacidade de resistir mesmo a ambientes agressivos, com a ajuda da formação de endosporos resistentes. A ubiquidade dos *bacilos* na natureza, juntamente com as suas diversidades genómicas e metabólicas altamente variadas, permitiu-lhes produzir uma grande variedade de enzimas e agentes antibióticos. Estas bactérias são agora mundialmente reconhecidas pela sua aplicação útil na biotecnologia alimentar, desde a fermentação de alimentos até à bioengenharia de muitas enzimas utilizadas nas indústrias alimentar e de detergentes (priest *et al.*, 1993).

A análise do rDNA 16S permitiu efetuar a classificação filogenética da família *Bacillaceae.* O género *Bacillus* tem mais 94 espécies e está cientificamente agrupado em 6 grupos principais. Este agrupamento baseia-se em variações morfológicas, bioquímicas e genéticas. *O B. polymyxa* é considerado um organismo de referência e pertence à categoria dos organismos do grupo 1 da família *Bacillaceae.* Estes organismos são bem conhecidos pelas suas exigências de crescimento fastidiosas em termos de aminoácidos e açúcar. Os membros do grupo 1 são anaeróbios facultativos e são muito bons fermentadores de açúcares. São também excelentes secretores de enzimas extracelulares de degradação de hidratos de carbono, tais como celulases, pectinases e amilases (Ludwig *et al.*, 2009).

8. subtilis e muitos dos seus parentes, como *B. licheniformis,* estão incluídos no grupo **II**. Estes são aeróbios estritos e não são considerados bons na fermentação de muitas moléculas de açúcares. Alguns membros do grupo II são anaeróbios facultativos e bons fermentadores de açúcares, como *B. anthracis* e *B. cereus*.

Estes micróbios segregam muitas amilases e proteases que têm significado comercial. Os membros do grupo III são geneticamente e bioquimicamente menos definidos até à data e são aeróbios estritos. Não se regista qualquer produção apreciável de ácido a partir de açúcares por membros deste grupo.

O grupo IV inclui *bacilos* com endosporos esféricos e é um grupo quimicamente homogéneo de bactérias Gram positivas. As bactérias psicrófilas estão incluídas nesta categoria. O grupo V inclui espécies metabolicamente diversificadas, desde aerófilas a aeróbias estritas. Recentemente, o grupo VI foi atribuído separadamente a novos géneros designados *Alicyclobacilli*, que incluem principalmente *bacilos* termofílicos (Alcaraz *et al*., 2010).

As bactérias *Bacillus* são uma fonte significativa de muitos antibióticos, insecticidas e bioquímicos. *B. subtilis* produz proteínas heterólogas em gramas por litro nos ambientes de crescimento. Estudos têm demonstrado que cerca de dois terços da produção de enzimas úteis para os mercados comerciais são obtidos através da fermentação de espécies de *Bacillus*. Estas bactérias são excelentes produtoras de certos metabolitos proteicos, vitaminas como a biotina, aminoácidos e intensificadores de sabor de alimentos. Recentemente, os cientistas provaram através da experimentação que os péptidos bioactivos produzidos por *Bacilli* são bons para deprimir os genes esporulados na fase estacionária (Sonenshein, 2000).

2.2 Espécies de *Bacillus* de produtos alimentares que produzem compostos antimicrobianos

Atualmente, a contaminação dos alimentos é o principal problema das unidades de transformação de alimentos. A contaminação dos produtos alimentares, principalmente da carne e do leite crus, ocorre com esporos de espécies patogénicas através da silagem e das forragens, principalmente. A estreita associação entre o processamento de alimentos e os ingredientes crus acelera a entrada de endosporos patogénicos. Este facto causa graves danos à saúde pública e à economia das indústrias alimentares e, consequentemente, os investidores enfrentam uma recusa consistente de clientes (Carlin, 2011).

Estudos científicos provaram, através de experiências e observações, que diferentes produtos alimentares contêm diferentes espécies de *Bacilos*, tais como o queijo que contém principalmente *B. coagulans, B. cereus* e *B. circulans*. As salsichas curadas e conservadas industrialmente contêm principalmente *B. subtilis* e *B. pumilus*. Os alimentos que não são fermentados são também portadores de *B. subtilis*, *B. licheniformis* e *B. cereus*. Enquanto alguns alimentos japoneses contêm apenas estirpes de *B. subtilis* consideradas seguras para seres humanos saudáveis (Gautam e Sharma, 2009).

A maior parte das intoxicações alimentares graves registadas até à data são devidas a alimentos cozinhados que, por vezes, são arrefecidos de forma demasiado inadequada e lenta, juntamente com condições de armazenamento incorretamente tratadas, provocando ambientes de crescimento óptimos.

Este florescimento de colónias de bactérias causa deterioração e doenças graves. No entanto, no seio de populações muito complexas de *Bacilli*, algumas espécies, como a *B. subtilis,* são capazes de produzir algumas substâncias antimicrobianas consideradas boas para matar micróbios patogénicos que causam a deterioração dos alimentos e que apresentam resistência aos antibióticos. Devido à sua capacidade de produzir agentes antimicrobianos, são considerados seguros para a biopreservação de produtos alimentares e servem como conservantes naturais de alimentos (Sorokulova *et al.*, 1997).

Há meio século atrás, foi claramente demonstrado por académicos que um composto bioativo, a subtilina, provou o seu valor contra a *C. botulinum* que causa a deterioração dos alimentos. Considerando esta propriedade da subtilina, muitos dos péptidos bioactivos da bactéria *Bacillus* foram investigados para a produção de péptidos antimicrobianos. Por exemplo, a bacteriocina cereína A foi observada com efeitos antimicrobianos contra *L. monocytogenese* no processamento de queijo (Bizani e Brandelli, 2002).

2.3 Ecologia de *Bacillus subtilis*

A ubiquidade das espécies de *Bacillus, que* crescem em diversos ambientes da biosfera, conferiu-lhes um valor significativo de existência versátil. Estas podem ser facilmente isoladas de uma miríade de nichos, ambientes aquáticos e terrestres. Todos os membros da família *Bacillaceae* estão bem adaptados a diversos ambientes devido à formação de endosporos resistentes e dormentes que os ajudam a sobreviver na privação de nutrientes e em determinadas situações de stress ambiental. Os esporos espalham-se bem pelo ar e migram facilmente, mas não germinam no local. É por isso que o crescimento dos *bacilos* ainda não tem resposta (Sonshein, 2002; Jaenicke, 2005).

O solo é considerado como o reservatório natural de *Bacillus.* A bactéria também pode crescer facilmente em associações mais próximas com as raízes de muitas plantas. Um grupo de cientistas afirmou que quando uma colónia pura de *Bacillus* foi inoculada na planta *Arabidopsis*, produziu uma massa significativa de biofilme. *O Bacillus* também pode ser isolado e identificado a partir da rizosfera de muitas culturas.

As bactérias promovem o crescimento da planta ao disponibilizarem facilmente nutrientes essenciais às plantas, activando também o sistema de defesa do hospedeiro e superando as bactérias adversas que já residem nas raízes das plantas juntamente com os *bacilos (Fall*, 2004; Pandey e palni, 1997).

Considerando que *o Bacillus subtilis* se encontra dentro, sobre e à volta das plantas, pode facilmente assumir-se que este género de bactérias Gram positivas pode ser facilmente isolado a partir de fezes de animais, uma vez que os animais comem mais frequentemente essas plantas. *Os bacilos* residem normalmente no trato gastrointestinal dos animais.

Estes micróbios são conhecidos por conferir impactos benéficos para a saúde no TGI de animais e seres humanos quando ingeridos através de alimentos como probióticos. *Os bacilos* completam todas as fases do ciclo de vida para atingir a idade adulta no TGI. A formação de esporos, as formas vegetativas e a germinação são todas realizadas no intestino dos animais, pelo que *o Bacilli subtilis* confere efeitos úteis ao competir com outras espécies patogénicas que residem no TGI (Tam, 2006; Hong, 2005).

2.4 Genómica de *Bacillus subtilis*

A idade de ouro das tecnologias avançadas permitiu-nos analisar, montar e sequenciar o genoma de *B. subtilis*, em vez de dependermos apenas dos comportamentos geográficos, ecológicos e laboratoriais das bactérias para obtermos uma imagem clara de estirpe para estirpe (Hall, 2007).

A sequência do genoma da *B. subtilis* 168 forneceu informações sobre os estilos de vida do organismo. Esta sequenciação genómica revelou que a referida bactéria não possui genes que codifiquem a virulência conhecida até à data. A sequenciação genómica reforçou alguns factos interessantes que confirmaram a presença de alguns genes muito novos que codificam vias para a utilização eficiente de nutrientes derivados de plantas. Este facto confirma claramente a associação da *B. subtilis* com as plantas (Folmsbee, 2004).

Recentemente, foi posta em causa a crença de longa data de que a *B. subtilis* não é aeróbia, tendo sido encontrados no seu genoma genes que codificam a reeducação do nitrato. Isto mostra claramente que *a B. subtilis* utiliza o nitrato como aceitador de electrões em vez do oxigénio e comporta-se anaerobicamente no meio e no TGI dos animais (Kunst, 1997).

A sequenciação revelou também que *a B. subtilis* possui genes que codificam a produção de metabolitos secundários. Uma parte significativa do genoma é dedicada a esses genes, que tornam esta bactéria capaz de competir com certas bactérias patogénicas em ambientes naturais e também no trato gastrointestinal. Desta forma, esta bactéria actua como probiótico, proporcionando efeitos benéficos para o sistema digestivo, melhorando o crescimento, ajudando a perder peso e, por vezes, demonstrando a sua eficácia no tratamento de infecções dermatológicas causadas por bactérias e fungos (Barbosa, 2005).

A bactéria Bacillus subtilis é bem conhecida pela sua capacidade de receber ADN extracelular estranho e de incorporar com êxito o genoma estranho no seu próprio genoma. Esta transformação genética torna a bactéria competente contra outros microrganismos e também proporciona uma diversidade funcional entre estirpes. Esta competência e diversidade só são alcançadas quando o seu próprio número é demasiado elevado (Tran, 2000).

Bacillus subtilis é considerado o melhor modelo de microrganismo Gram positivo responsável pela formação de agregados de superfície de micróbios, conhecidos como biofilmes. Os agregados são incorporados nas matrizes de diversas substâncias polimórficas. As abordagens bioquímicas e genéticas avançadas permitiram-nos examinar a matéria extracelular incorporada nos biofilmes formados por *Bacillus. Subtilis* (Branda, 2005).

2.5 Efeitos antagonistas e inibitórios de compostos antimicrobianos produzidos por espécies de *Bacillus*

Uma das características mais notáveis da bactéria *Bacillus* é a produção de grandes quantidades de compostos antimicrobianos no meio de crescimento. Estes compostos actuam eficazmente contra bactérias e fungos patogénicos. Os compostos produzidos são muito estáveis numa vasta gama de pH, temperatura, diversidade de nutrientes e condições de armazenamento. Foi observada uma resistência notável à diversidade de muitas enzimas por estes compostos. Os compostos antimicrobianos produzidos por *Bacilli* são maioritariamente baseados em péptidos e lipopeptídeos (Baruzzi *et al.*, 2006).

O Bacillus subtilis 3 isolado das forragens dos animais é considerado um excelente produtor de 3 antibióticos nos alimentos, principalmente nos produtos alimentares à base de leite. Esta bactéria apresenta uma atividade notável contra *Helicobacter pylori*, que é uma das principais causas de doenças de origem alimentar.

Verificou-se que é bastante eficaz contra *Campylobacter* spp também em seres humanos e atualmente esta bactéria é uma parte essencial de muitas preparações probióticas em caso de perturbações gástricas e intestinais observadas principalmente em crianças e adultos (Pinchuk *et al.*, 2001).

As bebidas contaminadas contêm grandes quantidades de um potente antimicrobiano conhecido como subtilocina, que é produzido por *B. amyloliquefaciens*. Da mesma forma, os grãos de soja fermentados com queijo contaminado são enriquecidos com *B. subtilis II.*

Ambas as bactérias Gram positivas, aeróbias e em forma de bastonete têm a capacidade de formar endosporos muito resistentes, juntamente com os seus péptidos antimicrobianos, o que torna a sua sobrevivência ainda mais longa e segura em ambientes extremos, escapando assim à ação de micróbios patogénicos mortais. Foi relatado que a subtilosina produzida por estas bactérias é altamente ativa contra agentes patogénicos de origem alimentar, tais como *Salmonella typhimurium, Staphylococcus aureus* e *Listeria monocytogenes.* Desta forma, estas bactérias estão a provar o seu valor nas indústrias alimentares que as utilizam como bio-conservantes e alternativas aos antibióticos aos quais os microrganismos patogénicos de origem alimentar resistem (Martirani *et al.*, 2002).

A análise HPLC do sobrenadante de *Bacillus subtilis* revelou que esta bactéria é igualmente eficaz contra muitas espécies de fungos que infestam as plantas. Os estudiosos, através de uma série de experiências, mostraram que *B. subtilis* tem potenciais efeitos antagonistas e inibitórios contra muitas espécies de *F. oxysporum, Alternaria e Helminthosporium*. Estes isolados de fungos são altamente patogénicos para as plantas e a sua infestação destrói totalmente o cultivo. Assim, observou-se que quando uma quantidade de uma cultura com 2 dias de idade de *B. subtilis* é misturada na amostra de planta infestada com fungos, mostrou uma zona clara de inibição, indicando que *B. subtilis* é eficaz contra espécies patogénicas de fungos (Toure *et al.*, 2004).

Até à data, devido à falta de conhecimentos adequados sobre as sequências de aminoácidos e os péptidos, não existe uma classificação autêntica das bacteriocinas do género *Bacillus* e a sua nomenclatura depende, de certa forma, da classificação das bacteriocinas LAB. No entanto, com os inúmeros esforços dos académicos, é possível obter um modelo proposto segundo o qual a bacteriocina é dividida em quatro classes e subclasses (Willey e Donk, 2007).

2.6 Deterioração dos alimentos devido a micróbios

Inicialmente, a conservação dos alimentos era efectuada mesmo sem o conhecimento da microbiologia e das técnicas microbiológicas. Eram adoptadas principalmente técnicas de salga, aquecimento, secagem e fermentação para a conservação dos alimentos. Estes métodos de conservação dos alimentos continuam a ser utilizados atualmente. O facto de um produto alimentar se tornar inaceitável para o consumidor através de um comando sensorial é, na realidade, designado por deterioração. Isto acontece devido a muitos factores, tais como factores físicos, factores químicos e alterações microbianas devido à produção de metabolitos. Estes metabolitos fazem com que os alimentos fiquem com mau cheiro ou com mau sabor (Lone *et al.*, 2002).

Até à data, a deterioração microbiana é a causa mais comum de contaminação dos alimentos. Apesar de todos os avanços recentes, é referido que, a nível mundial, 25% dos produtos alimentares se perdem após a colheita devido à evasão dos micróbios. Os comportamentos de comunicação interactiva dos microrganismos determinam o metabolismo e os mecanismos de seleção. Estas interacções são principalmente o metabolismo, o antagonismo e a comunicação célula a célula (Anonymous, 1985).

Diz-se que os microrganismos de quase todos os grupos contribuem para a deterioração. Pode dizer-se que os micróbios já estão presentes nos alimentos, mas é apenas o mecanismo de seleção de nutrientes e os parâmetros químicos que os diferenciam. As *Pseudomonas* spp contaminam principalmente materiais alimentares proteicos que são armazenados aerobicamente em condições de armazenamento frias. Se as condições de pH forem muito elevadas, os micróbios do género *P.*

putrefaciens dominam os alimentos (chai *et al.*, 1968).

Os produtos alimentares de origem vegetal atraem especialmente muitas bactérias Gram negativas devido ao seu baixo pH. As espécies como *Pseudomonas* e *Erwinia* estragam normalmente os alimentos de origem vegetal e degradam a pectina e os polímeros vegetais. Alguns fungos também desempenham um papel significativo na despolimerização de polímeros vegetais (Pitt e Hockig, 1997).

Pensa-se que o etanol presente na cerveja e no vinho é semelhante ao baixo pH no potencial de conservação. Estes atraem mais frequentemente o crescimento de BAL e fungos nos produtos alimentares. A resistência aos novos antimicrobianos e aos antimicrobianos utilizados por rotina é normalmente necessária para que qualquer microrganismo cresça bem e cause deterioração. Da mesma forma, alguns *Pedicoccus* spp também são bem conhecidos por se estragarem (Sakamoto *et al.*, 2001).

2.7 Agentes patogénicos emergentes de origem alimentar

As doenças de origem alimentar são um grave problema de saúde pública enfrentado nos últimos anos. Através de estudos científicos, estimou-se que as doenças alimentares afectam cerca de 6 a 80 milhões de indivíduos e causam aproximadamente 9000 mortes por ano, com enormes perdas económicas também para as indústrias alimentares. Os estudos realizados revelam que, com a evolução da epidemiologia das infecções de origem alimentar, os novos agentes patogénicos emergentes estão a ser reconhecidos juntamente com os agentes patogénicos bem conhecidos.

Estes novos micróbios emergentes não só causam gastroenterite e sintomas típicos de doença alimentar, mas também sequelas crónicas e incapacidades. A listeriose, por exemplo, pode causar meningite e abortos espontâneos em doentes crónicos. *O toxoplasma* provoca disfunções congénitas e *a E. coli* é considerada a principal causa da síndrome hemolítico-urémica, que resulta em insuficiência renal. A salmonelose está a resultar cada vez mais em artrite e doenças invasivas (Schuchat *et al.*, 1991; Mishu *et al.,* 1993).

Há muito que se calcula que *o Campylobacter jejuni* pode causar, em média, 4 000 000 de casos de doença na água não tratada das aves de capoeira e na carne crua. Do mesmo modo, *a Salmonella* pode causar cerca de 2 000 000 de casos em leite cru, carne, ovos, aves de capoeira e outros produtos alimentares crus. A *E. coli pode* causar 22.000.000 de casos ao estragar os alimentos, residindo em sumo de maçã, alface e água não tratada. *A Listeria monocytogenes* também desempenha um papel importante nos produtos alimentares prontos a comer não tratados. As espécies de *Vibrio* são a principal causa de deterioração dos alimentos do mar, causando 10 000 casos de infecções graves em seres humanos (Helmick *et al.*, 1994).

É comum dizer-se que a percentagem de horas gastas em alimentos consumidos fora de casa aumentou drasticamente. Os restaurantes e bares de comida frita aceleraram o problema das doenças alimentares nos jovens. Cerca de 80% dos surtos são registados devido ao consumo frequente de alimentos ao ar livre. Estes tipos de locais de restauração são excelentes para a disseminação de agentes patogénicos devido à cozedura inadequada e incompleta, como é o caso dos hambúrgueres, à contaminação cruzada de muitos alimentos e à conservação dos produtos a uma temperatura perigosa que permite o crescimento e a amplificação de baixas doses de agentes patogénicos que deterioram os alimentos (Manchester e Clauson, 1994).

O processo de seleção natural, juntamente com a demografia humana, é também o fator chave para a aceleração e emergência de micróbios alimentares. Da mesma forma, a resistência demonstrada pelas bactérias ao reagente antimicrobiano também potencia a sobrevivência da bactéria e a propagação da infeção (Passaro *et al.*, 1996).

2.8 Novas abordagens de prevenção de doenças de origem alimentar

O maior desafio que as doenças transmitidas por alimentos enfrentam tem exigido a colaboração das indústrias alimentares e das agências reguladoras para evitar o risco em toda a cadeia de transformação alimentar. A prevenção integrada na indústria é feita desde a exploração agrícola e pesqueira até à mesa de jantar. É aqui que a contaminação ocorre maioritariamente e é fácil de eliminar. Nos últimos anos, a inspeção dos produtos finais foi substituída pela Análise de Perigos e Pontos Críticos de Controlo (HACCP). Existem centenas de opções disponíveis para serem consideradas na prevenção de doenças, mas a melhor abordagem é a implementação de várias simultaneamente, porque a epidemiologia das infecções de origem alimentar está a mudar cada vez mais com o aparecimento de novos agentes patogénicos que deterioram os produtos alimentares (Tauxe *et al.*, 1997).

Para a proteção contra infecções por E. *coli*, especialmente *E. coli O157: H7*, são adoptadas principalmente abordagens de precaução na pasteurização do leite e na higiene da carne, mas, na realidade, estas abordagens são insuficientes. Assim, uma melhor estratégia consiste em introduzir alterações nas instalações de abate, tornando-as ainda mais higiénicas, e também, de acordo com as directrizes HACCP, incorporar aditivos na alimentação do gado. Estes aditivos são muito importantes porque alteram o padrão dos micróbios ou quase inibem o seu crescimento, quer no trato gastrointestinal quer nos alimentos, tornando o hospedeiro menos hospitaleiro e compatível com as infecções por *E. coli* (Cieslak *et al.*, 1997).

Para o controlo das infecções por *C. jejuni*, as medidas incluem a modificação feita no momento do abate, dando à carcaça bílis ou banho-maria. Para reduzir as contagens de campylobacter, recomenda-se vivamente a congelação da carcaça. A cloração também é feita na água potável das aves de capoeira; a sua vacinação e a eliminação da carcaça das aves de capoeira após o abate são algumas das abordagens recomendadas para se livrar das infecções por *Campylobacter* (Tauxe, 1992).

[st]Com o início do século XXI, os esforços de grandes académicos deram um novo ângulo à tecnologia e estabeleceram novos quadros para reforçar a segurança da saúde pública, acrescentando e introduzindo abordagens de subtipagem e vigilância. A capacidade dos nossos profissionais de saúde é potenciada e reforçada para responder tão rapidamente quanto um surto é registado. A utilização prudente de antibióticos é apreciada para limitar a resistência demonstrada pelos micróbios.

É necessário compreender melhor o mecanismo de ação dos micróbios de origem alimentar para compreender melhor a natureza dos micróbios, o que, em última análise, ajuda a elaborar planos para eliminar o risco antes mesmo do início da doença (Meriwether, 1996).

2.9 Resistência antimicrobiana demonstrada por agentes patogénicos de origem alimentar

De acordo com os CDC (Centros de Controlo e Prevenção de Doenças), são notificadas cerca de 760 mil doenças nos EUA e em todo o mundo, juntamente com enormes hospitalizações e mortes causadas por microrganismos de origem alimentar. Segundo as estimativas, cerca de 90% das infecções são causadas por cinco agentes patogénicos conhecidos: *Listeria, Salmonella, Campylobacter, vírus tipo Norwalk* e *Toxoplasma.* Embora o problema termine com um tipo de diarreia autolimitada, a doença crónica dos doentes imunocomprometidos exige, de alguma forma, a utilização de terapia antimicrobiana. No entanto, a utilização maciça de reagentes antimicrobianos aumentou o risco de resistência demonstrado pelas espécies patogénicas responsáveis pela deterioração dos alimentos. A resistência adquirida deve-se à seleção de espécies de bactérias resistentes através da utilização de antibióticos na medicina humana e veterinária (Mead *et al.*, 1999).

Na maioria dos casos, nos animais destinados à alimentação humana, os antibióticos são administrados para prevenir infecções ou para promover o crescimento. Mas esta administração resulta, consequentemente, na resistência indesejada dos agentes patogénicos zoonóticos que, em última análise, se transferem através dos animais para os seres humanos quando os alimentos são contaminados. Atualmente, *a Salmonella enterica*, a *Listeria monocytogenes, a Camplyobacter jejuni* e a *E. coli* estão no topo da lista de desenvolvimento de resistência indesejada (Tauxe, 1997).

A estirpe *H157:O7 de E. coli* é altamente patogénica para os produtos alimentares, causando graves problemas gastrointestinais. Esta estirpe altamente patogénica tem de ser erradicada assim que for detectada. Assim, a terapia antibiótica é a primeira escolha de tratamento para os doentes afectados por doenças de origem alimentar contaminadas por *E. coli*. *Diz-se* sobretudo que a resistência aos antibióticos demonstrada pela estirpe de *E. coli* é pouco comum na maioria dos casos. De qualquer modo, apenas algumas estirpes mostraram resistência à estreptomicina-sulfisoxazol. E as estirpes isoladas de bovinos revelaram-se resistentes a 6 antibióticos bem conhecidos, como a ampicilina, a quenamicina, o sulfasoxazol, a estreptomicina, a tetraciclina e a ticarcilina. A resistência à fosfomicina também foi recentemente comunicada, que é um medicamento de eleição para muitas infecções gastro-entéricas pediátricas (Meng *et al.*, 1998: Horri *et al.*, 1999).

Até à data, foram registados um total de 2400 serótipos diferentes de *Salmonella* como causa grave de *salmonelose* após o consumo de alimentos estragados. A resistência a vários medicamentos tem aumentado nos últimos anos. A resistência à ampicilina, à tetraciclina, ao cloranfenicol e ao ácido nalidíxico foi demonstrada por várias estirpes de *Salmonella* (Prats *et al.*, 2000).

A diminuição acentuada observada na suscetibilidade das espécies de *Salmonella* deve-se ao aparecimento de *S. typhimurium DT104* nos produtos alimentares. Nas últimas décadas, este microrganismo tem sido apontado como a principal causa potencial de infecções humanas causadas pela deterioração dos alimentos. O *S. thpyimurium DT104* propaga-se através dos animais para os seres humanos e é uma bactéria penta-resistente. A caraterística distintiva associada a estes agentes patogénicos de deterioração alimentar é a sua resistência à ampicilina, ao cloranfenicol, à tetraciclina, às sulfonamidas e à estreptomicina. No entanto, os estudos têm abordado o facto de nem todas as *S. typhimurium DT104 apresentarem* resistência a agentes antimicrobianos e possuírem um grupo cromossómico de genes que codificam a penta-resistência ao ACSSuT (Threlfall, 2002; Low *et al.*, 1997).

Campylobacter foi inicialmente reconhecido como um agente patogénico fecal. Mas agora, com as melhorias na tecnologia, é apoiado por estudos sistémicos e científicos que *Campylobacter* é uma das causas frequentes de enterite bacteriana de origem aguda e também a principal causa de gastroenterite após o consumo de alimentos estragados. As doenças gastro-entéricas causadas por espécies de *Camplyobacter* são difíceis de diferenciar das causadas por *Shigella* e *Salmonella* (Willis e Murray, 1997).

Na maioria das vezes, as infecções são únicas e esporádicas, surgindo após a ingestão de alimentos, água e produtos lácteos contaminados. *A C. jejuni* e a *E. coli* são as causas mais proeminentes da doença diarreica; geralmente, estas duas estirpes bacterianas são susceptíveis a uma vasta gama de agentes bacterianos, mas há relatos de resistência às quinolonas, à ciprofloxacina e à tetraciclina. Para tratar a maior parte das infecções das aves de capoeira, as floroquinolonas estão a ser maciçamente utilizadas, o que está a causar resistência a este agente antimicrobiano nos seres humanos, comprometendo assim a terapia antimicrobiana nos seres humanos afectados (Friedman *et al.*, 2002).

O primeiro caso de *Listeriose* foi registado em 1929, mas *a Listeria* foi reconhecida como potencial agente patogénico de origem alimentar em 1980, mesmo antes do aparecimento da *Listeriose.* A propagação e a incidência da *Listeriose aumentaram* nos últimos 10 anos, pelo que a administração de ampicilina, rifampicina e gentamicina, juntamente com a penicilina, é considerada como a primeira linha de tratamento para a manifestação. O co- trimoxazol está documentado como a 2nd escolha de terapia antimicrobiana nestas infecções. Mas a resistência surgiu na *Listeria monocytogenes* e o primeiro caso de resistência foi discutido em 1988. Muitas estirpes de *L. monocytogenes* são atualmente resistentes à estreptomicina e ao trimetoprim. A resistência nestas espécies bacterianas é adquirida através de genes resistentes de elementos móveis estranhos, tais como plasmídeos e transposões. No entanto, estes genes estranhos resistentes podem também provir de outras fontes viáveis, tais como bactérias Gram positivas ou Gram negativas, através de conjugação (Aureli *et al.*, 2000; Roberts *et al.*, 1996; Charpentier *et al.*, 1995).

2.10 Compostos antimicrobianos (AMP's)

Os AMP são constituídos por mais de 50 aminoácidos com propriedades anfipáticas, pelo que, quando são libertados num ambiente de membrana dobrada, um dos seus lados está carregado positivamente, enquanto o outro tem resíduos hidrofóbicos claramente definidos (Hancock e Lehrer, 1998).

O grupo catiónico dos péptidos interage com a parte carregada negativamente da membrana do agente patogénico e o grupo anfipático interage com a parte anfipática, resultando assim na acumulação de péptidos na superfície da membrana e provocando interacções rápidas de lípidos e resíduos de sulfureto que, em última análise, causam os efeitos membranolíticos das membranas dos agentes patogénicos.

Uma melhor compreensão da relação estrutura-atividade dos compostos antimicrobianos é muito útil para o desenvolvimento de potenciais e novos antibióticos com menor resistência aos medicamentos. A estrutura tridimensional dos péptidos fornece uma vasta informação sobre a bioengenharia de péptidos mais curtos e potentes com um conhecimento adequado da incorporação do triptofano nas hélices alfa. O triptofano é o único aminoácido que se sabe ter um papel notável na estabilidade das estruturas alfa-helicoidais dos péptidos bioactivos (Park *et al.*, 2002).

Atualmente, os péptidos antimicrobianos estão classificados em quatro categorias principais, incluindo

- Péptidos α-helicoidais
- Péptidos de folha β
- Peptídeos alargados
- Peptídeos de laço

Os péptidos α-helicoidais, incluindo a megainina, o pexiganano e a cecropina, são bem conhecidos e estudados quanto às relações estrutura-atividade. Estes encontram-se geralmente numa forma não estruturada em soluções aquosas e causam a morte bacteriana através de rupturas das membranas, quer formando feixes semelhantes a barris nas membranas, quer através da formação de aglomerados de péptidos semelhantes a tapetes ou através da formação de poros triodais (Won *et al.,* 2009).

Desta forma, esta classe de compostos antimicrobianos é capaz de causar grandes quantidades de agregações de péptidos nas membranas trans, resultando no colapso das membranas em resíduos semelhantes a micelas (Vant *et al.*, 2001).

Os péptidos de folha β são maioritariamente estabilizados por pontes dissulfureto e formam estruturas comparativamente rígidas. Estes péptidos causam o colapso das membranas bacterianas através da formação de poros triodais ao serem inseridos perpendicularmente em bicamadas lipídicas (Nguyen *et al.*, 2011).

Os peptídeos estendidos são predominantemente abundantes em vários aminoácidos, incluindo prolina, triptofano e histidina, e não possuem elementos secundários para exercer as suas actividades antimicrobianas (Falla *et al.*, 1996).

Muitos péptidos estendidos não demonstram a sua ação nas membranas bacterianas, mas penetram mais profundamente no corpo do agente patogénico e formam ligações com proteínas internas, induzindo assim fugas nas membranas. Os péptidos antimicrobianos em ansa realizam os seus serviços antimicrobianos através da formação de anéis nas pontes dissulfureto, resultando num grave colapso das membranas; a bactenecina é o que melhor explica este tipo específico de mecanismo de ação (Mayloy e Kari, 1995).

Os péptidos bioactivos são sequências de aminoácidos de tamanho micro, em grande parte sintetizadas por moléculas de proteínas existentes sob a forma de proprepéptidos que, após hidrólise, são modificados e sintetizados nas suas formas activas (Heng *et al.*, 2007).

Desempenham o seu papel como moléculas de sinalização em vias patogénicas e fisiológicas. Os péptidos bioactivos foram definidos como fragmentos específicos de proteínas que actuam como hormonas e fármacos, induzindo uma resposta fisiológica ao ligarem-se a receptores nas células-alvo (Shrikant *et al.*, 2011).

2.11 Antecedentes históricos da produção de bacteriocinas

Elie discutiu pela primeira vez a terapia intestinal de substituição, uma vez que os danos causados pelas bactérias putrefactas são o único fator responsável pelo envelhecimento do corpo. Mais tarde, este conceito enfrentou muitas controvérsias e foram feitos esforços notáveis para a modificação da microflora intestinal em vez de terapias de substituição. A este respeito, *as bactérias do ácido lático* (BAL) foram implantadas pela primeira vez no intestino (Metchinikoff, 1907).

Mais tarde, foi implantada no intestino uma diluição de alto índice de estirpes de *E. coli*. Após a introdução de estirpes experimentalmente virulentas de *E. coli*, esta começou a produzir substâncias dialisáveis que eram estáveis ao calor e com pesos moleculares mais pequenos. Estas substâncias inibiam diluições mais elevadas de E. coli e de outros microrganismos Gram positivos. A sua eficácia levou os cientistas a fazerem preparações comerciais de colicina, substâncias antimicrobianas produzidas por *E. coli* (Norles e Ray, 1993).

Pasteur e Roubert foram os primeiros homens a registar as actividades inibitórias de um organismo em relação a outro, em 1887. O seu trabalho experimental relatou a existência de uma bactéria na urina que se revelou eficaz na inibição do crescimento da *B. anthracis*. Mas antes deste trabalho, o antagonismo da bacteriocina a organismos Gram positivos foi descrito por Florey e colaboradores. Em 1885, Babes descobriu que *o Staphylococcus* inibe a *C. diphtheria* e, mais tarde, muitos sprays nasais e para a garganta foram comercializados para a inibição de infecções diftéricas (Florey *et al.*, 1949).

O termo bacteriocina foi especificamente cunhado por um grupo de cientistas após o reconhecimento de substâncias antimicrobianas do tipo colicina por bactérias não coliformes. Foi especificado que as substâncias do tipo colicina tinham pesos moleculares enormes com determinantes genéticos e associação de plasmídeos. Trata-se de moléculas sintetizadas por ribossomas com características de morte intra-espécies e adsorção em tipos específicos de receptores nos alvos (Jacob *et al.*, 1953).

Mais tarde, algumas estirpes de *estafilococos* foram estudadas para a sua produção de substâncias antimicrobianas. Estas substâncias produziram antibióticos em meios específicos que foram considerados boas alternativas aos antibióticos que estavam a enfrentar uma resistência contínua por parte das bactérias. As substâncias produzidas pelos estafilococos foram designadas por estafilococinas, que apresentavam uma inibição máxima para muitas espécies de *estafilococos* e outras bactérias Gram positivas (Fredericq, 1948).

2.12 Introdução da bacteriocina

Em termos gerais, os antibióticos são as moléculas químicas heterogéneas que podem inibir o crescimento de bactérias nocivas, mas se falarmos em sentido prático, um antibiótico é uma substância ou molécula capaz de mostrar a atividade de matar bactérias nocivas mesmo em pequenas concentrações. Estes são agentes inibidores do crescimento e escapam à inibição por subprodutos de metabolitos secundários como o amoníaco e os hidrocarbonetos. Muitas espécies de bactérias são responsáveis pela produção *in vitro* de moléculas heterogéneas que podem matar eficazmente estirpes da mesma espécie ou de outras bactérias (Davies, 1990).

As bactérias produzem muitas substâncias *in vitro*, tais como toxinas que podem inibir o crescimento de células eucarióticas e ter atividade antibacteriana, enzimas bacteriolíticas como a fosfolipase e as hemolisinas, bacteriófagos defeituosos, muitos subprodutos de vias metabólicas como o amoníaco, peróxido de hidrogénio e idiólitos, substâncias antibióticas como a gramicidina e a bacteriocina e substâncias semelhantes à bacteriocina que são polipéptidos precursores sintetizados ribossomalmente ou polipéptidos sintetizados ribossomalmente (Kleinkauf e Dohren, 1990).

Basicamente, as bacteriocinas são polipéptidos sintetizados por via ribossómica produzidos por diferentes microrganismos que pertencem à árvore taxonómica das eubactérias. As bacteriocinas actuam contra as estirpes de bactérias que as produzem ou, por vezes, mostram ação contra uma vasta gama de microrganismos Gram positivos e Gram negativos.

O conceito de produção destas moléculas baseava-se principalmente na colicina. As bacteriocinas são moléculas proteicas que inibem o crescimento de bactérias e fungos resistentes. Não devem ser confundidas com antibióticos, uma vez que um antibiótico é necessário em quantidades menores para o cumprimento da sua ação e deixa reacções alérgicas e muitos outros efeitos secundários após a administração (Tagg *et al.*, 1976).

Algumas das principais características associadas às bacteriocinas são as seguintes; (Sanlibaba e Uymaz, 2014)

- As bactérias (Gram positivas ou Gram negativas) produzem bacteriocinas durante os seus períodos de crescimento

- Atividade antibacteriana intra-espécie, actuando principalmente contra as estirpes mais estreitamente relacionadas do produtor

- Uma porção proteica essencial e biologicamente ativa completa a sua estrutura

- Estes são segregados em ambientes extracelulares
- Estas moléculas têm sítios receptores específicos para a sua ligação
- As células bacterianas são lisadas devido à bacteriocina

2.13 Classificação das bacteriocinas

Os compostos antimicrobianos produzidos por bactérias, especialmente por bactérias Gram positivas, são classificados com base no número e na disposição das ligações monossulfureto e dissulfureto. O espetro de atividade também é definido com base nestas ligações (Jack *et al.,* 1995).

A bacteriocina é classificada com base na sensibilidade enzimática, no peso molecular, no modo de ação, na estabilidade térmica e nos aminoácidos modificados pós-tradução. Klaenhammer categorizou as bacteriocinas em quatro grupos diferentes com base nos caracteres acima descritos. (Klaenhammer, 1993).

2.14 a Bacteriocinas de classe I

Esta classe inclui os lantibióticos e foi ainda dividida em dois grupos com base na carga e na estrutura da molécula (Abee, 1995).

Grupo Ia

Grupo Ib

O grupo 1a é constituído por péptidos catiónicos anfipáticos mais pequenos, com forma de tripé. Estes péptidos estabelecem interacções inespecíficas com os membros dos alvos. O grupo 1b inclui péptidos aniónicos, comparativamente maiores, com estruturas globulares. São exemplos a actagardina, a mutacina e a cinamicina. A mutacina é produzida por espécies de estreptococos na placa dentária.

2.15 13 b Bacteriocina de classe I I

A classe II inclui as fracções proteicas de massa inferior a 10 kDa. Os péptidos desta classe são estáveis a diferentes temperaturas e não possuem aminoácidos modificados como parte essencial da sua estrutura. Esta classe subdivide-se ainda em quatro grupos (Diep e Nes, 1996).

Grupo IIa

Grupo IIb

Grupo IIc

Grupo IId

O grupo IIa inclui sequências de consenso de péptidos nas suas extremidades N. Estes são péptidos antilisteriais que demonstram as suas acções mortíferas interrompendo a integridade da membrana citoplasmática e causando um desequilíbrio iónico. Desta forma, estes péptidos actuam como bactericidas. Exemplos são a pediocina e a mesentaricina.

As bacteriocinas do grupo IIb necessitam de dois péptidos para exercerem corretamente a sua atividade antibacteriana. Estes dois péptidos podem atuar tanto individualmente como em sinergia, de acordo com as necessidades da situação. Exemplos disso são as lactococcinas e as plantaricinas.

As bacteiocinas do grupo IIc são produzidas por vias *dependentes de sec*, enquanto a produção de todas as outras bacteriocinas é independente das vias de *sec*. Este grupo inclui antibióticos com resíduos de cisteína e antibióticos com péptidos sem resíduos de cisteína (Abee e Hill, 1995).

2.13 c Bacteriocinas da classe III

As bacteriocinas de classe III incluem substâncias antimicrobianas peptídicas com peso superior a 30 kDa. A maioria destas bacteriocinas é produzida por espécies de *Lactobacillus*. Exemplos são a helveteína e a lacticina. Esta classe inclui moléculas proteicas de tamanho comparativamente maior do que quaisquer outros membros de outras classes (Hancock, 1997).

2.13 d Bacteriocinas da classe IV

A classe IV inclui moléculas constituídas por proteínas conjugadas. As lipoproteínas e as glicoproteínas são o tipo de moléculas que constituem a estrutura das bacteriocinas da classe 4. Estas não necessitam apenas de moléculas proteicas para a sua atividade, mas também de substâncias não proteicas. Exemplos disso são as lactocinas e as lacstrepeínas (Kozak *et al.*, 1977).

2. 14 Bacteriocina: A arma microbiana de eleição

A bacteriocina difere dos antibióticos típicos apenas num aspeto crítico: estes compostos têm espectros de morte muito estreitos e matam apenas as estirpes mais estreitamente relacionadas da mesma espécie, enquanto os antibióticos tradicionais matam uma vasta gama de bactérias patogénicas. Pensa-se que a produção de bacteriocinas é universal. Os cientistas afirmaram que cerca de 98,9% das bactérias são produtoras de bacteriocinas. Mesmo estas são produzidas por alguns membros de Achaea (Upreti e Hinsdill, 1975; Klaenhammer TR, 1988).

A bacteriocina tende a ser segregada em culturas em caldo e é isolada por algumas técnicas. A seleção de uma técnica adequada depende de uma lista de factores, um dos quais está relacionado com a afinidade da bacteriocina com os solventes orgânicos utilizados como separadores. Considera-se que o SDS, a ultracentrifugação e os compostos alcoólicos são eficazes para o isolamento da bacteriocina, uma vez que estes são agentes de dissociação que dividem as moléculas maiores em moléculas mais pequenas, extraindo o conteúdo lipídico. Assim, a bacteriocina é separada do sobrenadante por centrifugação e ultracentrifugação (Ansari et al., 2012).

É evidente que as substâncias semelhantes a bacteriocinas produzidas por bactérias com actividades bactericidas de largo espetro foram sempre uma área cativante da investigação aplicada e o potencial da engenharia genética de péptidos com algumas actividades antimicrobianas comerciais ofereceu uma atração inalterável com vista à investigação antecipada no domínio da utilização de péptidos bioactivos em produtos farmacêuticos e na conservação de alimentos (Liu e Hansen, 1992).

2. 15 Bacteriocina de bactérias Gram-negativas

A família das bacteriocinas contém moléculas proteicas. A diversidade das moléculas de proteínas deve-se à diferença de pesos atómicos, modos de ação e alvos patogénicos. A colicina produzida por *Escherichia coli* é a bacteriocina mais estudada até à data. Os genes que codificam a colicina estão presentes em plasmídeos, que sinalizam a produção de proteínas de toxina. Esta proteína de toxina codifica outra proteína que cria imunidade no organismo produtor e inativa também a proteína tóxica (Konisky, 1982).

Os genes de lise também estão presentes em plasmídeos que causam a lise da bactéria após a libertação da bacteriocina. O regulador SOS medeia a produção de colicina a partir de bactérias Gram negativas sob stress. A atividade de destruição é realizada através da formação de poros nas membranas celulares e também através da ativação da atividade de nuclease contra o ADN e o ARN. As proteínas nuclease são comparativamente maiores em tamanho do que as proteínas formadoras de poros (Gouaux, 1997; Pugsley, 1984).

As colicinas são os representantes de todos os microrganismos Gram negativos. No entanto, existem algumas diferenças intrigantes entre os subgrupos de *E. coli* e outros microrganismos Gram negativos. Os genes que codificam as colicinas estão presentes apenas em plasmídeos. As piocinas e as bacteriocinas de *Pseudomonas aeruginosa* apresentam uma grande semelhança de sequências com as colicinas. As bacteriocinas de *Serratia marcesens* também estão presentes em plasmídeos e cromossomas. Estas também apresentam semelhanças de sequência com as colicinas (Guasch *et al.*, 1995).

Demasiadas bacteriocinas em bactérias Gram negativas são a combinação de bacteriocinas existentes de outras bactérias Gram negativas. Estas combinações são criadas por domínios de bacteriocinas de colicina. A configuração conservadora dos domínios confere a atividade mortal específica com demasiada diversidade de bacteriocinas em diferentes bactérias Gram negativas (Braun *et al.*, 1994).

2. 16 Bacteriocina de bactérias Gram-positivas

A produção de bacteriocinas em bactérias Gram positivas é muito mais abundante do que a produção em bactérias Gram negativas. A produção de bacteriocinas em bactérias Gram positivas difere em dois aspectos críticos e fundamentais (James *et al.*, 1996).

A bacteriocina produzida não é letal em bactérias Gram positivas como o é em bactérias Gram negativas. As bactérias Gram positivas estão equipadas com a regulação específica das bacteriocinas, enquanto que nas bactérias Gram negativas esta regulação depende das redes reguladoras do hospedeiro (Tagg *et al.*, 1976).

As bactérias do ácido lático (BAL) são conhecidas por serem muito prolíficas na produção de péptidos bioactivos antimicrobianos, especialmente bacteriocinas. A produção de bacteriocinas em BAL é basicamente categorizada em três classes principais com base no tamanho molecular, estabilidade térmica ou responsabilidade, modo de ação e tipo de configuração particular de aminoácidos pós-tradução.

Cada classe é ainda subdividida em subclasses. Recentemente, foi também introduzida uma nova classe que evoluiu adicionalmente com hidratos de carbono e lípidos, juntamente com proteínas (Belkum *et al.*, 1989).

A produção de bacteriocinas em bactérias Gram positivas necessita de mais genes do que os necessários em bactérias Gram negativas para a produção de bacteriocinas. Os grupos de genes codificadores estão mais frequentemente presentes em plasmídeos e raramente em cromossomas nas bactérias Gram positivas. Mas a nisina, uma bacteriocina Gram positiva, está presente nos transposons. A nisina inclui genes para peptídeos, modificação de aminoácidos e regulação da expressão (Buchman *et al.*, 1988).

A sabedoria típica da atividade letal da bacteriocina produzida por bactérias Gram positivas é apreciada, uma vez que estas só podem matar bactérias Gram positivas. A atividade letal varia de mais estreita a mais ampla. Mais estreita no caso das lactococcinas, que se destinam a matar apenas espécies de *Lactococcus*. E a atividade mais ampla é realizada pela nisina e pela piocina, que podem matar muitas espécies bacterianas, incluindo *Bacillus*, *Actinomyces*, *Corynebacterium*, *Gardnerella*, *Listeria*, *Mycobacterium*, *Streptococcus*, *Clostridium*, *Enterococcus*, *Lactococcus*, *Micrococcus e Propionibacterium* (Mota *et al.*, 2000).

Contrariamente à ideia conservadora de que as bacteriocinas produzidas por micróbios Gram positivos só podem matar bactérias Gram positivas, provou-se recentemente que algumas bacteriocinas também podem matar alguns microrganismos Gram negativos importantes do ponto de vista médico, como as espécies *Helicobacter* e *Campylobacter* (Neu, 1992).

Os bacilos produzem grandes quantidades de péptidos antimicrobianos no caldo através do método de precipitação com sulfato de amónio. Estes compostos antimicrobianos são bem conhecidos pelas suas aplicações clínicas, conservação de alimentos e prevenção de vários micróbios patogénicos de plantas que causam doenças graves. Com base nas vias biossintéticas, *o Bacillus* produz dois tipos de péptidos antimicrobianos bioactivos: o primeiro grupo de péptidos é sintetizado por via ribossómica, como a bacteriocina, e o outro grupo é produzido por via não ribossómica e é uma proteína um pouco maior (Stein, 2005).

2. 17 Modos de ação da bacteriocina

A diversidade das estruturas das bacteriocinas torna-as capazes de alterar muitas funções de uma célula viva, incluindo a transcrição, a tradução, a biossíntese da parede celular e a replicação. A maioria das bacteriocinas actua formando canais ou poros nas membranas, perturbando assim os potenciais energéticos das células vivas sensíveis (Riley, 1993).

A bacteriocina exerce uma atividade bactericida ou bacteriostática. A diversidade do desempenho e a decisão sobre qual a ação a realizar são afectadas por muitos factores físicos, tais como a quantidade de bacteriocinas extraídas, os métodos de purificação das bacteriocinas extraídas e as propriedades físico-químicas das células-alvo, que são principalmente consideradas sensíveis (Cintas *et al.*, 2001).

A nisina é uma bacteriocina catiónica pertencente à classe Ia e é o melhor lantibiótico cujo mecanismo de ação está bem estudado. Os lantibióticos catiónicos associam-se aos fosfolípidos de carga negativa das membranas, o que acaba por favorecer as interacções específicas dos resíduos hidrofóbicos das proteínas das bacteriocinas com as membranas citoplasmáticas específicas da célula-alvo. Desta forma, as bacteriocinas extraídas de bactérias Gram-positivas exercem uma atividade letal (Ennahar, 2002).

O modo de ação das bacteriocinas de classe II é também analisado por vários cientistas. O mecanismo básico de demonstração da atividade é o mesmo que o descrito no caso da nisina. As bacteriocinas de classe II são mais específicas no desempenho da atividade anti-listerial devido à presença da sequência de aminoácidos YGNGV nas regiões N-terminais. A ligação eletrostática da bacteriocina existe entre o péptido e as membranas citoplasmáticas alvo, que são mediadas por receptores putativos associados à membrana. Estes receptores específicos ajudam a reconhecer os motivos anti-listeriais existentes nos péptidos (Kaiser e Montville, 1996).

O modo de ação das lactococcinas também é praticamente o mesmo. Realizam a sua ação através da formação de poros nas membranas citoplasmáticas alvo. A quantidade de cereína diminui com o aumento da osmolalidade da cultura. São bacteriocinas de classe IIc e interagem de forma inespecífica com as membranas citoplasmáticas.

Esta interação inespecífica é mediada por receptores associados à membrana e assistida pelos aminoácidos carregados negativamente e pelo triptofano no N-terminal das moléculas de bacteriocina (Boman *et al.*, 1994).

2. 18 Aplicações da bacteriocina *de Bacillus*

A sobrevivência dos *bacilos* num ambiente diversificado depende do seu crescimento e dos seus requisitos fisiológicos, uma vez que *os bacilos* são um grupo de micróbios genética e fenotipicamente heterogéneo e são capazes de degradar muitas substâncias derivadas de plantas e animais, tais como celulose, hemiceluloses, proteínas, amido e biocombustível.

Algumas espécies são potentes nitrificantes, desnitrificantes, precipitadores de ferro, oxidantes, redutores de metais, especialmente de manganês, acidófilos, alcalófilos e psicrófilos. Esta diversidade fisiológica de desempenhar tantos papéis ecológicos tornou-as capazes de sobreviver e colonizar os habitats ecológicos alargados, dependendo da resistência à produção e da dormência dos seus endosporos (Slepecky e Hemphill, 2006).

2.18 a Saúde humana

A resistência microbiana acumulada demonstrada pelos agentes patogénicos criou uma necessidade extrema de outros antibióticos novos e potenciais para a infeção bacteriana. Por conseguinte, a bacteriocina surge e desempenha o seu papel na prevenção de infecções microbianas, especialmente quando os micróbios demonstram um confronto grave com os antimicrobianos (Lawton *et al.*, 2007).

Os estudos realizados demonstraram que não se observa qualquer resistência cruzada entre os compostos antibióticos e as bacteriocinas, uma vez que estes dois compostos não actuam nos mesmos alvos para realizar as suas acções de destruição. A pumilicina IV é um péptido antimicrobiano produzido por *B.sphaericus*. A pumilicina IV não é uma bacteriocina, mas uma substância inibidora semelhante à bacteriocina. Os lantibióticos liquenicidina, haloduracina e mersacadina são também exemplos de algumas BLIS produzidas por espécies de *Bacillus*. As bacteriocinas e as BLIS são longamente utilizadas em medicamentos humanos como novos substitutos dos antibióticos. A haluduracina é considerada a melhor para utilização médica, uma vez que é mais estável em intervalos de pH fisiológicos do que outra bacteriocina (Oman e Donk, 2009).

A subtilosina, um lantibiótico produzido por *Bacillus subtilis,* apresenta atividade antimicrobiana contra *L. monocytogenes, S. agalactiae e G. viginalis*. A subtilosina ajuda no tratamento de infecções vaginais. As bacteriocinas das espécies de *Bacillus* não só exercem atividade antibacteriana como também são eficazes contra muitos agentes patogénicos fúngicos. Assim, estes antimicrobianos possuem uma posição significativa no mundo curativo (Molitor *et al*., 1996).

Algumas estirpes de *Bacillus* produzem bacteriocinas que se revelaram muito eficazes contra os agentes patogénicos intestinais que causam doenças gastro-entéricas, tais como *C. perfringens, C.difficile* e muitos outros. Esta atividade inibitória das bacteriocinas faz com que entre na lista de probióticos eficazes utilizados para o tratamento de doenças gastro-entéricas (Lee *et al*., 2001).

8. claussi produz thuricidin, uma bacteriocina que tem como alvo *S. aureus* e *C. difficile*. A thuricidin visa particularmente *o C. difficile* e provoca a rutura das membranas citolpâmicas das células sensíveis visadas (Hill *et al*., 2009).

A subtilocina A também actua como contracetivo eficaz. Extermina eficazmente os espermatozóides dos seres humanos e dos animais, desempenhando assim uma atividade espermicida (Sutyak *et al*., 2008).

2.18 b Aplicações em animais vivos

Afirma-se que as estirpes de *Bacillus estão a* desempenhar papéis como probióticos em medicina veterinária. Esta propriedade baseia-se no facto de melhorarem o peso corporal e as condições corporais dos animais de criação, dos animais domésticos e das aves de capoeira. Estas substâncias actuam como probióticos e apresentam um efeito antagonista ao inibir o crescimento de agentes patogénicos intestinais. BioPlus 2B é um exemplo de bacteriocina produzida por estirpes de *B. licheniformis* e *B. subtilis* e é comercializada como preparação probiótica para animais de criação (Mutus *et al*., 2006).

A liquenina é um composto antibacteriano produzido por *B. licheniformis que* está a ser utilizado em preparações comerciais probióticas devido à sua propriedade de matar *S. bovis* e *Eubacterium ruminantum*. A liquenina exerce actividades antimicrobianas notáveis através da hidrólise de compostos polissacáridos do organismo hospedeiro. Por conseguinte, a liquenina é comprovadamente capaz de melhorar a fermentação ruminal, aumentando o crescimento de micróbios amigos do intestino e matando bactérias patogénicas indesejadas no rúmen dos animais de criação (Pattnaik *et al*., 2001).

Os endosporos do BLIS produzidos pela estirpe de *B. amyloliquefaciens CECT 5940* são utilizados como preparação probiótica na alimentação das aves de capoeira em pavilhões de controlo de frangos de carne. Estes esporos desempenham o seu papel no trato gastrointestinal das aves de capoeira, reduzindo o efeito de micróbios patogénicos como *C. perfringens, E. coli* e *Yersinia*, produzindo assim uma queda acentuada na mortalidade das aves de capoeira (Diaz, 2007).

As aplicações da bacteriocina de *B. circulans* e *P. polymyxa* em aves foram descritas por um grupo de académicos. A bacteriocina produzida por *B. circulans NRRL B-30644 e P. polymyxa NRRL B-30507* foi utilizada para mudar *Campylobacter jejuni* como uma cura definitiva para animais portadores de doenças zoonóticas. A gestão nutricional da bacteriocina diminuiu a colonização de aves de capoeira por *C. jejuni*, reduzindo assim o perigo de contacto público e de campilobacteriose (Svetoch *et al.*, 2005).

Os estudiosos propuseram que os compostos peptídicos antimicrobianos podem ser valiosos como forma alternativa de controlar a mastite nos bovinos. Também propuseram o uso excessivo de BLIS e a expansão da preparação de bacteriocina purificada e rigorosamente concentrada para a paragem da mastite. Um agente antimicrobiano adicional que merece atenção pela sua utilização no bem-estar animal é um BLIS produzido por *B. subtilis LFB112 a* partir de ervas, que é enérgico contra várias bactérias Gram positivas e Gram negativas envolvidas em doenças de animais domésticos (Xie *et al.*, 2009).

2.18 c Aplicações ambientais

O Bacillus está naturalmente ligado ao solo e aos materiais vegetais. É por isso que as estirpes que possuem bacteriocinas ou BLIS com ação antifúngica e antibacteriana podem ser aplicadas como compostos de biocontrolo. A maior parte das bacteriocinas ou BLIS formadas por *Bacilli* podem prevenir micróbios patogénicos para as plantas. Tanto as espécies produtoras de bacteriocinas como as provisões de bacteriocinas moderadamente purificadas poderiam ser úteis no tratamento biológico de doenças das plantas. Por exemplo, a ericina S é dinâmica contra *C. michiganensis*, o agente causador mais grave do cancro das palmeiras. A ericina purificada e a sua estirpe produtora poderiam ser utilizadas como bioprotector nas culturas de tomate (Smith *et al.*, 2008).

As bactérias que vivem na rizosfera das plantas podem estimular o crescimento das plantas através de numerosos mecanismos. As rizobactérias que estimulam o crescimento das plantas são de grande interesse para utilização na agricultura. Muitas estirpes de *Bacillus* são reconhecidas por actuarem como substâncias promotoras do crescimento das plantas e por causarem resistência a doenças em muitas variedades de plantas, como é o caso do polipéptido da estirpe NEB17 de *B. thuringiensis* (Bai *et al.*, 2002).

A estirpe NEB17 de Bacillus foi extraída dos nódulos radiculares de plantas de soja. Foi relatado que melhora a nodulação através da produção de thuricin 17, o polipéptido antibacteriano. A utilização de thuricin 17 provocou uma reação de enrolamento da distorção dos pêlos radiculares da soja, contribuindo assim para melhorar a nodulação. Foi referido que a utilização de curicina nas folhas e raízes das plantas estimula diretamente o desenvolvimento do milho e da soja (Lee *et al.*,

2009).

As bacteriocinas produzidas por *Bacilli* são bem conhecidas para outras utilizações ambientais. Algumas estirpes interessantes são extraídas de reservatórios de petróleo, por exemplo, o *B. cereus* produtor de cereicidina ou as espécies produtoras de BLIS obtidas de reservatórios de petróleo do Brasil apresentaram atividade antibacteriana antagónica contra SRB (Korenblum *et al.*, 2005).

As BLIS têm uma ação antimicótica e podem ser administradas como controlo biológico da podridão das plantas. São também utilizadas no controlo pós-colheita da vegetação e da frutificação. *B. amyloliquefaciens* produz uma bacteriocina energética contra *C. dematium* e algumas outras espécies bacterianas e fúngicas fitopatogénicas (Korenblum *et al.*, 2008).

2. 18 d Aplicações alimentares

A procura por parte dos consumidores de produtos alimentares ligeiramente tratados ou de produtos frescos com o mínimo ou nenhum aditivo químico motivou a atenção da investigação para os compostos antimicrobianos naturais, como as bacteriocinas. A maioria dos estudos relativos à aplicação alimentar concentrou-se nas bacteriocinas de BAL, principalmente na nisina e ligeiramente noutras. A nisina é considerada a única bacteriocina atualmente aprovada como bioconservante; as suas utilizações são limitadas devido à sua fraca ação a pH neutro ou alcalino. Consequentemente, a procura de novas bacteriocinas com melhores propriedades fisiológicas e químicas e, do mesmo modo, uma atividade antimicrobiana abrangente é de grande importância para as suas aplicações nas indústrias alimentares (G'alvez *et al.*, 2008).

Apesar da grande variedade de bacteriocinas produzidas por estirpes de *Bacillus* com características tecnológicas notáveis, a importância e os valores industriais das bacteriocinas *de Bacillus têm* sido mal avaliados. Assim, apenas um pequeno número de utilizações foi indicado em produtos alimentares. Este ponto surge devido ao facto de não ter sido atribuído o estatuto GRAS a algumas espécies de *Bacillus*, excluindo algumas espécies representantes como *B. licheniformis* e *B. subtilis* (Sharp *et al.*, 1989).

Atualmente, a Autoridade Europeia para a Segurança dos Alimentos (EFSA) apresentou a ideia de presunção qualificada de segurança (QPS) para a adequação das bactérias nos géneros alimentícios. As estirpes de *Bacillus cereus* tinham sido anteriormente aceites pela EFSA para serem utilizadas em alimentos para animais. Assim, agora as espécies e estirpes produtoras de bacteriocinas e as suas preparações comerciais de bacteriocinas estão a ser utilizadas na conservação de alimentos, assegurando que devem cumprir as normas comprovadas pela EFSA (EFSA, 2004).

As bacteriocinas de *Bacilli* têm uma aplicação de conservação muito potencial em muitos compostos alimentares, como nos produtos lácteos, como o queijo e o leite (Sharma *et al.*, 2009).

Dois exemplos descritivos são a cereína 8A e a bacilocina 490. A bacilocina 490 revelou-se enérgica contra estirpes de *Bacillus* estreitamente relacionadas em ambientes aeróbicos e também em ambientes anaeróbicos. A sua ação bactericida foi mantida durante as condições de armazenamento numa gama de pH muito variada e a diferentes temperaturas (Martirani *et al.*, 2002; Sharma *et al.*, 2009).

A acumulação da cereína 8A em produtos lácteos a temperaturas ultra-elevadas provoca um declínio de 3 ciclos logarítmicos em células sustentáveis num período de 14 dias a 41^0 C. No entanto, os ensaios de amostras de queijo tratadas com cereína mostram uma redução de 2 ciclos logarítmicos na contagem de células viáveis durante 28-30 dias a 41^0 C, quando o péptido de cereína 8A foi utilizado para evitar a adulteração da superfície do queijo causada por *L. monocytogenes*. No queijo de pasta mole, a cereína produziu uma interrupção no início da fase exponencial de crescimento (Bizani *et al.*, 2008).

Curiosamente, a ação antimicrobiana da cereína 8A para a *Salmonella Enteritidis* foi potencializada pelo lactato de sódio. Assim, a força e o alcance da cereína 8A podem ser aumentados através da mistura com agentes da membrana externa que causam desestabilização (Lappe *et al.*, 2009).

Uma das vantagens da utilização de bacteriocinas na indústria alimentar é a sua produção a custos sensivelmente mais baixos. A Cereína 8A pode ser encontrada com rendimentos mais elevados através do cultivo das estirpes produtoras em caldos de infusão de coração cerebral e também do cultivo em meios de proteína de soja, permitindo produções rentáveis para potenciais aplicações (Dominguez *et al.*, 2007).

As estirpes *de Bacillus* desempenham um papel dominante na produção de alimentos fermentados alcalinos e também na produção de cervejas (Wang e Hesseltine, 1982).

As aplicações de estirpes de *Bacillus* produtoras de bacteriocinas nestes géneros alimentícios podem apresentar novas oportunidades de conservação biológica dos alimentos. Numa das experiências, os investigadores examinaram a utilização de uma subtilisina produzida por uma estirpe de *B. subtilis* para impedir o crescimento de *B. cereus* Gram positivo na preparação de sopas fermentadas alcalinas (Oguntoyinbo *et al.*, 2007).

As estirpes de *B. cereus* produtoras de toxinas também surgem nos produtos alimentares e a utilização de uma cultura de estirpes de arranque produtoras de subtilisina foi visualizada para melhorar o abrigo deste produto. É certo que, na fermentação laboratorial, a bacteriocina produzida pela estirpe B. *subtilis* BFE 5031 pode impedir o crescimento de estirpes de *B. cereus* (Oguntoyinbo *et al.*, 2010).

CAPÍTULO 3

MATERIAIS E MÉTODOS

3.1 Isolamento de *Bacillus subtilis*

3.1.1 Recolha de amostras

As amostras de solo, argila e matéria vegetal em decomposição foram recolhidas em diferentes regiões da zona ribeirinha e universitária de Faisalabad. A matéria vegetal em decomposição foi recolhida da rizosfera da planta da batata e as amostras de argila foram recolhidas em diferentes locais da universidade onde estavam a ser feitas obras (Hammami *et al.*, 2009).

As amostras (aproximadamente 5 g cada) foram recolhidas utilizando um saco de polietileno limpo, seco e esterilizado, juntamente com uma espátula esterilizada. Todas as amostras foram imediatamente transferidas para o laboratório depois de serem misturadas com 100 ml de tampão fosfato salino (PBS) esterilizado. Para o processamento posterior destas amostras e o isolamento das bactérias, estas foram armazenadas a 4°C (Mansour *et al.*, 2015).

Para o isolamento de *Bacillus subtilis*, foram utilizados ágar Nutriente e caldo Nutriente (Collins *et al.*, 1991).

3.1.2 Esterilização do material de vidro

Todo o material de vidro, incluindo tubos de ensaio, placas de Petri, pipetas e béqueres, foi esterilizado numa estufa de ar quente. O material de vidro foi lavado, seco ao ar e embrulhado em papel sob a forma de pequenos feixes e conjuntos de tubos e pratos. Estes foram fixados com um fio. O aparelho foi então imediatamente colocado na câmara da estufa de ar quente, de modo a que o material não pudesse tocar nas paredes da câmara.

A porta foi fechada e a alimentação eléctrica foi ligada. A temperatura foi ajustada para 171^0 C. Depois de atingir a temperatura desejada, o aparelho foi esterilizado durante 30 minutos. Todo o material de vidro foi removido depois disso e mantido fechado até ser necessário para a amostragem (Tim, 2008).

3.1.3 Preparação e esterilização de meios de cultura

Preparou-se um volume de 1000 ml de ágar nutriente e caldo nutriente separadamente em copos. Todos os ingredientes básicos foram adicionados em água destilada para preparar tanto o caldo como o meio de ágar em dois copos separados e foram bem misturados antes de serem colocados no autoclave. Em seguida, estes foram autoclavados durante 15 minutos a 171°C sob pressão de vapor.

As placas de Petri e os tubos de ensaio foram esterilizados numa estufa de ar quente a 160°C durante 90 minutos e os meios autoclavados (cerca de 10-15 ml) foram vertidos nas placas de Petri e nos tubos de ensaio utilizando uma câmara de fluxo de ar. Para verificar a esterilidade, as placas de Petri foram colocadas na incubadora durante 24 horas a 37°C. Para utilização posterior, estas placas foram armazenadas a 4 °C (Cruickshank, 1977).

3.1.4Inoculação de amostras

As suspensões das amostras foram efectuadas adicionando 1 ml de cada amostra a 9 ml de PBS. As suspensões foram deixadas em repouso à temperatura ambiente num ambiente assético. Após 1-2 horas, 1 ml de sobrenadante sem células de cada amostra foi vertido em tubos de ensaio com caldo nutriente. O caldo foi incubado anaerobicamente a 37°C durante 48 horas na incubadora.

Após 48 horas de incubação, os tubos de ensaio foram retirados da incubadora; o crescimento foi verificado e transferido para placas de ágar nutriente perto da chama. Estas placas de ágar nutriente foram então colocadas na incubadora viradas de cabeça para baixo e incubadas anaerobicamente durante 24 horas a 37°C.

3.1.5Purificação do crescimento

Procedeu-se à purificação da cultura. Com a ajuda de uma ansa esterilizada, foram retiradas colónias distintas e espalhadas em placas de ágar nutriente pelo método de estrias em quatro fases. Estas placas foram incubadas anaerobicamente a 37 °C durante 24-48 horas.

As colónias isoladas puras foram armazenadas a -20°C com adição de 20% de glicerol para evitar a cristalização. As colónias isoladas das amostras foram analisadas quanto às suas características culturais, morfológicas e bioquímicas, tal como descrito no Manual de Bacteriologia Sistémica de Bergey (Krieg, 1984).

3.2 Identificação de *Bacillus subtilis* isolados

3.2.1Características culturais e morfológicas

Após a incubação, as placas foram examinadas quanto às características culturais e morfológicas, tendo sido demonstrados o tamanho, a forma, a cor e a textura das colónias. A morfologia celular foi examinada após a coloração de Gram.

3.2.2a coloração de Gram

Princípio

As células Gram-positivas têm uma parede celular de peptidoglicano espesso que é capaz de reter o complexo cristal violeta-iodo que ocorre durante a coloração, enquanto as células Gram-negativas têm apenas uma fina camada de peptidoglicano. Assim, as células Gram-positivas não descoloram com etanol e as células Gram-negativas descoloram. Isto permite que as células Gram-negativas aceitem a safranina, que é um corante. As células Gram-positivas aparecem entre o azul e o púrpura, enquanto as células Gram-negativas aparecem entre o rosa e o vermelho (Buxton e Fraser, 1977).

Para a coloração de Gram, começou-se por colocar uma gota de água na lâmina e abriu-se uma placa de Petri perto da chama, tendo-se colhido uma colónia com a ajuda de uma ansa de inoculação esterilizada. A respectiva colónia isolada foi misturada com água para fazer um esfregaço fino. O esfregaço foi fixado pelo calor. Em seguida, a lâmina foi colocada num suporte e efectuou-se o procedimento seguinte;

Em primeiro lugar, verteu-se violeta de cristal (coloração principal) na lâmina durante 2-3 minutos e lavou-se com a ajuda de água destilada. O mordente (isto é, iodo de Gram) foi aplicado durante 1 minuto e depois lavado com a ajuda de água destilada. Em seguida, deitou-se álcool (Decolourizer) na lâmina durante 30 segundos para remover a mancha de princípio. Este passo foi novamente seguido de uma lavagem com água destilada. No último passo, aplicou-se safranina durante 1 minuto e lavou-se o excesso de corante.

As gotas de água foram limpas com papel absorvente e a lâmina foi seca ao ar e depois mantida no campo microscópico. A lâmina foi observada a 10x e 100x com a ajuda de óleo de madeira de cedro. As características morfológicas das bactérias puderam ser claramente observadas a 100X.

3.2.3b Coloração de esporos

Colocou-se uma pequena gota de água e de suspensão bacteriana na superfície da lâmina de vidro e misturou-se com a ansa de platina. O esfregaço foi seco ao ar, agitando suavemente a lâmina ao ar. A fixação do esfregaço foi efectuada colocando a lâmina sobre a chama durante alguns segundos. Em seguida, foi adotado o seguinte procedimento para a coloração dos esporos, tal como descrito por Benson (1985).

Princípio

Os esporos são estruturas impermeáveis, o que os torna resistentes ao tingimento. A coloração dos esporos depende do aumento da permeabilidade do revestimento dos esporos através do aquecimento para permitir a entrada do corante. Após o arrefecimento, o corante fica retido no interior do esporo e não pode sair. O corante primário verde de malaquite é um corante que se liga de forma relativamente fraca à parede celular e à parede do esporo.

Preparou-se um esfregaço bacteriano e secou-se ao ar. O esfregaço foi fixado cuidadosamente ao calor, a partir do lado oposto do esfregaço. Cobriu-se a lâmina com verde de malaquite e aqueceu-se durante 4-5 minutos. A lâmina foi aquecida até que o corante começasse a evaporar por vaporização, mas sem deixar ferver. Adicionou-se periodicamente corante fresco para evitar a secagem do esfregaço da lâmina. O excesso de corante foi lavado com água destilada de ambos os lados da lâmina. O esfregaço foi corado com safranina durante 2 minutos. Lavaram-se ambos os lados da lâmina para remover a coloração secundária e utilizou-se papel absorvente para secar a lâmina. As lâminas foram observadas ao microscópio e os resultados foram registados.

3.2.4d Teste de motilidade

Foi utilizado um meio de teste de motilidade para determinar a motilidade de *Bacillus subtilis*. A motilidade foi reconhecida há muito tempo como um instrumento taxonómico importante e uma caraterística biológica dos microrganismos. A motilidade nas bactérias pode ser proporcionada por uma variedade de mecanismos, mas os mais comuns envolvem flagelos (Jordan, 1934: Leifson, 1960). A presença de flagelos ocorre principalmente em *Bacillus subtilis*, pelo que este teste foi essencial para confirmar que a bactéria foi descrita por Hiss (1902).

Todos os ingredientes básicos do meio foram misturados com água destilada e aquecidos até à ebulição para fundir o ágar. Distribuídos em alíquotas de 5 ml em tubos e autoclavados a 121°C sob pressão de 15 psi durante 15 minutos. Arrefeceram em posição vertical em prateleiras.

Para testar a motilidade, foi utilizada uma agulha estéril para colher uma colónia bem isolada e espetada no meio até 1 cm do fundo do tubo. A agulha foi mantida na mesma linha em que entrou quando foi retirada do meio. Incubar a 35°C durante 18 horas até o crescimento ser evidente. Os resultados foram registados.

3.3 Crescimento de *Bacillus subtilis* em concentrações elevadas de sal

A B. subtilis é uma bactéria encontrada na pele, no trato digestivo, em feridas epiteliais, nas extremidades do corpo humano, no gado e no solo (Ara *et al.*, 2006; Earl *et al.*, 2008). Uma vez que *B. subtilis* é ubíqua, desenvolveu estratégias adaptativas para subsistir em diversos ambientes através da produção e secreção de um grande número de moléculas geneticamente codificadas que controlam o crescimento de organismos vizinhos. É por isso que também pode tolerar concentrações elevadas de sais e apresenta crescimento a 37°C, mas não pode crescer a 55°C, enquanto *B. cereus* cresce bem a 55°C, um teste de confirmação e diferenciação de *B. subtilis* de *B. cereus*

Todos os ingredientes foram misturados em água, bem agitados e autoclavados. Após a autoclavagem, os meios foram vertidos em placas de Petri esterilizadas e deixados a solidificar. A cultura fresca do organismo em estudo, incubada durante 24-48 horas, foi inoculada na superfície do meio com a ajuda de uma ansa de platina. As placas foram colocadas de cabeça para baixo na incubadora a 37°C durante 24-36 horas. Os resultados foram registados cuidadosamente.

3.4 Caracterização bioquímica

As colónias que mostraram semelhança com *Bacillus subtilis com* base nos seus caracteres culturais e morfológicos foram depois sujeitas a caraterização bioquímica. Os testes químicos utilizados para a identificação das bactérias são apresentados de seguida:

3.4.1Teste da catalase

Princípio

A catalase é a enzima que decompõe o peróxido de hidrogénio (H_2O_2) em H_2O e O_2. O peróxido de hidrogénio é frequentemente utilizado como desinfetante tópico em feridas e o borbulhar que se observa deve-se à evolução do gás O_2. O H2O2 é um agente oxidante potente que pode causar estragos numa célula; por isso, qualquer célula que utilize O_2 ou possa viver na presença de O_2 tem de ter uma forma de se livrar do peróxido. Uma dessas formas é a produção de catalase (Clarke e Cowan, 1952).

O teste da catalase foi efectuado de acordo com as recomendações de Wheelis (2008).

Uma pequena quantidade de crescimento da cultura foi retirada para uma lâmina de microscópio limpa. Adicionaram-se algumas gotas de H2O2 ao esfregaço. O esfregaço foi misturado com um palito. Um resultado positivo é a rápida evolução do O_2, evidenciada pela formação de bolhas. Um resultado negativo é a ausência de bolhas ou apenas algumas bolhas dispersas. A lâmina e o palito foram eliminados por razões de segurança.

3.4.2Ensaio de hidrólise do amido

O amido, um polissacárido, é constituído por subunidades de α-D-glucose ligadas umas às outras por ligações α-glicosídicas. O ágar-amido é um meio diferencial que testa a capacidade de um organismo produzir as enzimas extracelulares (exoenzimas) α-amilase e oligo-1,6-glucosidase que são segregadas pelas bactérias e se difundem no ágar-amido. *A B. subtilis* possui estas enzimas que hidrolisam o amido quebrando as ligações glicosídicas entre as subunidades de glucose e permitem que os produtos da hidrólise do amido entrem na célula (Voet, 1990).

Foi utilizada uma cultura pura fresca (16 a 18 horas) de bactérias de ensaio como fonte de inoculação e uma única colónia isolada foi inoculada na superfície do meio de ágar. As placas foram incubadas durante 24 a 48 horas ou mais a 37°C

Após incubação adequada, a superfície do ágar foi inundada com solução de iodo de Gram. Os resultados foram registados imediatamente como a cor azul-preta formada com o desvanecimento do amido. O aparecimento de uma zona clara à volta do crescimento bacteriano indica a hidrólise do amido (+) pelo organismo devido à sua produção de enzimas extracelulares.

A inundação das placas com reagente de iodo não contaminou as placas. As placas foram incubadas e testadas novamente para processamento posterior (Lennette *et al.*, 1985; Zimbro *et al.*, 2009)).

3.4.3Testes do vermelho de metilo e do proskauer de Voges

Os testes do vermelho de metilo e de Voges-Proskauer fazem parte de uma bateria de testes bioquímicos conhecidos como IMViC utilizados no laboratório clínico. O caldo MR-VP foi preparado tal como descrito por MacFaddin (1980).

Ensaio do vermelho de metilo

Algumas bactérias fermentam a glucose e produzem uma quantidade suficiente de ácido como produto final. Estes metabolitos ácidos diminuem o pH do meio para um nível ácido e dão cor vermelha com o reagente vermelho de metilo (Palitzsch, 1911; Vaughn, 1939)

Inoculou-se um isolado de cultura em 10 ml de água peptonada com fosfato de glucose num tubo de ensaio e incubou-se a 37°C durante 48 horas. Após a incubação, foram adicionadas algumas gotas de indicador vermelho de metilo. Os resultados positivos foram indicados por uma cor vermelha viva e os negativos por uma cor amarela.

Formação do reagente vermelho de metilo

O vermelho de metilo foi dissolvido no álcool e a solução foi diluída com água destilada até um volume total de 500 ml.

Teste Voges proskauer

As bactérias que fermentam açúcares através da via do butanodiol produzem acetoína (ou seja, acetilmetilcarbinol ou 3-hidroxibutanona) como um intermediário que pode ser posteriormente reduzido a 2,3- butanodiol. Na presença de KOH, a acetoína intermédia é oxidada a diacetilo, uma reação que é catalisada pelo a-naftol. O diacetilo reage com o grupo guanidina associado às moléculas de peptona presentes no meio, formando um produto de cor vermelho-rosado. O α-naftol na modificação de Barritt do teste VP serve como um intensificador de cor (Levine, 1916).

Dissolve-se hidróxido de potássio em 75 ml de água destilada. A solução produziu calor e deixou-se arrefecer à temperatura ambiente. Adicionou-se creatina e dissolveu-se por agitação constante. Adicionou-se água destilada até perfazer o volume de 1000 ml e o reagente foi armazenado no frigorífico.

Foi preparado o caldo MR-VP. Inoculou-se um tubo de ensaio de caldo MR-VP com uma cultura pura e fresca (18 a 24 horas) de *Bacillus subtilis*. Transferiu-se um inóculo ligeiro de uma colónia isolada e ressuspendeu-se no tubo de caldo MR-VP de 5 ml. Incubar as culturas de teste e de controlo a 37°C durante 48 horas. Transferir 2,5 ml de cultura para um novo tubo de cultura estéril. Adicionou-se 0,6 ml (ou 12 gotas) do reagente de Barritt após a incubação. O tubo foi agitado cuidadosamente durante 30 segundos a 1 minuto para expor o meio ao oxigénio atmosférico. O tubo foi deixado em repouso durante pelo menos 30 minutos e os resultados foram registados.

3.4 . 4 Ensaio com o indole

O indole é um composto contendo azoto que pode ser formado a partir da degradação do aminoácido triptofano por certas bactérias. O triptofano é utilizado como substrato porque contém uma grande quantidade de triptofano. O indol reage com o composto aldeído do reagente de Kovac e forma um composto de cor vermelha que é mais solúvel em álcool (Vracko e Sherris, 1963).

Inocularam-se isolados de cultura numa alça na água peptonada. A água peptonada contendo a cultura isolada foi incubada a 32°C durante 24-72 horas. Após a incubação, adicionaram-se algumas gotas do reagente de Kovac ao caldo e mantiveram-se os tubos de ensaio no suporte. Passados alguns minutos, os tubos de ensaio foram observados para a obtenção de resultados. Os resultados positivos indicaram o desenvolvimento de cor vermelha na camada alcoólica do reagente e a ausência de cor no tubo de controlo.

3.5 Ensaios de fermentação de hidratos de carbono

Os testes de fermentação de hidratos de carbono detectam a capacidade dos microrganismos para fermentar um hidrato de carbono específico. Os padrões de fermentação podem ser utilizados para diferenciar grupos ou espécies bacterianas (Barker, 1956).

Durante o processo de fermentação, um substrato orgânico serve como acetor final de electrões. O produto final da fermentação dos hidratos de carbono é um ácido ou um ácido com produção de gás, podendo ser produzidos vários produtos finais da fermentação dos hidratos de carbono.

O produto final depende dos organismos envolvidos na reação de fermentação, do substrato a ser fermentado, das enzimas envolvidas e de factores ambientais como o pH e a temperatura. Os produtos finais comuns da fermentação bacteriana incluem o ácido lático, o ácido fórmico, o ácido acético, o ácido butírico, o álcool butílico, a acetona, o álcool etílico, o dióxido de carbono e o hidrogénio. As reacções de fermentação são detectadas pela mudança de cor de um indicador de pH quando se formam produtos ácidos. O vermelho de fenol é normalmente utilizado como indicador de pH nos ensaios de fermentação de hidratos de carbono (Hugh e Leifson, 1953).

O caldo de hidratos de carbono vermelho de fenol foi preparado tal como descrito por Becton (1953). Foram utilizados cerca de 10 g de cada açúcar para fazer uma solução saturada de açúcares em 4 tubos de ensaio diferentes. Os testes de fermentação da glucose, da lactose, da maltose e da sacarose foram efectuados em laboratório em condições asssépticas.

O protocolo foi adotado tal como descrito por Bartelt (2000)

Inoculação de meios

Foram vertidos quatro tubos de ensaio com 10 ml de caldo vermelho de fenol para hidratos de carbono. Foram preparados quatro tubos de ensaio separados para quatro soluções de açúcar diferentes. Cada tubo de ensaio foi inoculado assepticamente com o microrganismo testado *(B. subtilis)* utilizando uma agulha ou ansa de inoculação. Os tubos de Durham foram colocados invertidos em tubos de ensaio. Os tubos foram incubados a uma temperatura de 35 a 37°C durante 18 a 24 horas. Os resultados foram registados separadamente para cada açúcar. A interpretação dos resultados foi efectuada de acordo com as seguintes considerações descritas por Forbes e colaboradores (2007).

1. Resultados da fermentação

Quando se utiliza o vermelho de fenol como indicador de pH, uma cor amarela indica que foram produzidos produtos ácidos suficientes pela fermentação do açúcar para baixar o pH para 6,8 ou menos. Uma reação de fermentação retardada pode produzir uma cor laranja. Nestes casos, é preferível reincubar o tubo.

2. Resultados da produção de gás

As bolhas presas no tubo de Durham indicam a produção de gás. Mesmo uma única bolha é significativa e denota evidência de produção de gás. A ausência de bolhas no interior do tubo de Durham indica um organismo não produtor de gás ou anaerogénico.

3. Resultados negativos

Uma cor avermelhada ou rosa indica uma reação negativa. Nos tubos negativos, a presença de turvação serve de controlo para o crescimento. Uma cor avermelhada ou cor-de-rosa num tubo transparente pode indicar um falso negativo.

3.6 Extração da bacteriocina

Devido à sua natureza proteica, as bacteriocinas podem ser concentradas através da aplicação de métodos de salga, sendo o sulfato de amónio o mais frequentemente utilizado (Sambrook *et al.*,

1989).

Neste procedimento, o sal sólido foi adicionado à amostra lentamente até se atingir a percentagem de saturação desejada de sulfato de amónio. Uma cultura de 36 horas da estirpe bacteriocinogénica de *B. subtilis* foi centrifugada a 8000 rpm durante 25 minutos a 4°C. A fração peptídica foi precipitada do sobrenadante sem células com sulfato de amónio saturado a 70%. Algumas bacteriocinas podem precipitar a concentrações mais baixas de sulfato de amónio, ou mesmo numa pequena gama de saturação. A suspensão foi incubada durante a noite a 4°C e agitada com um agitador magnético. As proteínas salgadas foram precipitadas por centrifugação a 15000 rpm durante 20 minutos. Em seguida, o sedimento foi recolhido do fundo dos tubos de centrifugação. O sedimento recolhido foi dissolvido num pequeno volume de tampão fosfato 10 mM (pH 7,0) ou água destilada.

3.7 Purificação parcial da bacteriocina por SDS-PAGE

Um método muito comum de separação de proteínas por eletroforese utiliza um gel descontínuo de poliacrilamida como meio de suporte e dodecil sulfato de sódio (SDS) para desnaturar as proteínas. O método é designado por eletroforese em gel de poliacrilamida com dodecil sulfato de sódio (SDS- PAGE).

O SDS (também chamado lauril sulfato) é um detergente aniónico, o que significa que, quando dissolvido, as suas moléculas têm uma carga líquida negativa numa vasta gama de pH. Uma cadeia polipeptídica liga quantidades de SDS proporcionais à sua massa molecular relativa. As cargas negativas do SDS destroem a maior parte da estrutura complexa das proteínas e são fortemente atraídas para um ânodo (elétrodo com carga positiva) num campo elétrico (Merril *et al.*, 1981).

Para efetuar SDS-PAGE, foram necessários os seguintes aparelhos

Amostras de proteínas de bacteriocina, tampão de eletroforese Tris Glicina SDS, um aparelho vertical de eletroforese em gel de poliacrilamida, micropipetas e pontas de carregamento de gel, fonte de alimentação e gel de poliacrilamida pré-fabricado.

O procedimento adotado foi descrito por Gautam e Sharma (2009). Os passos seguidos para a purificação das amostras de proteínas foram os seguintes

As amostras de proteínas foram fervidas durante 10 minutos em SDS. Colocou-se uma cassete de gel de poliacrilamida pré-fabricada na unidade de eletroforese. O tampão de eletroforese 1X Tris Glicina SDS foi vertido na unidade e os poços foram lavados com água. As amostras foram retiradas do banho-maria e as amostras foram recolhidas no fundo dos tubos. Foram colocados cerca de 20 micro litros de amostra nos poços consecutivos. Colocou-se a tampa de segurança e ligou-se a fonte de alimentação. A cassete foi retirada após a eletroforese. As duas cassetes de gel foram separadas com uma espátula. Procedeu-se à coloração dos géis de poliacrilamida com instastain. Procedeu-se à descoloração. As bandas foram cuidadosamente observadas e os resultados registados.

3.8 Otimização da bacteriocina

Os efeitos de diferentes temperaturas, pH e armazenamento foram verificados conforme descrito por Nivedita e colaboradores (2011).

Efeito do pH

Um volume de 0,5 mL de bacteriocina purificada foi adicionado a 4,5 mL de caldo nutriente a diferentes valores de pH, variando de 3,0 a 11,0, com um incremento de 1. Incubado durante um dia a 37 °C. As densidades ópticas foram medidas utilizando um espetrofotómetro. Cada uma das amostras de bacteriocina tratadas com diferentes valores de pH foi testada contra bactérias indicadoras pelo método de difusão em poço.

Efeito da temperatura

Foi adicionado um volume de 0,5 ml de bacteriocina purificada a 4,5 ml de caldo nutritivo nos tubos de ensaio. Cada tubo de ensaio foi tratado durante 40 minutos a diferentes temperaturas, ou seja, 27, 37, 60 e 80°C, depois de coberto com óleo de parafina para evitar a evaporação. Incubou-se durante um dia a 37°C. As densidades ópticas foram medidas utilizando um espetrofotómetro. A atividade da bacteriocina foi medida por ensaio de difusão em poço.

Efeito da temperatura de armazenamento

Foi adicionado um volume de 0,5 ml de bacteriocina purificada a 4,5 ml de caldo nutritivo nos tubos de ensaio. Os tubos de ensaio foram mantidos a diferentes temperaturas de armazenamento durante 1 semana (4°C, 37°C e -20°C). As densidades ópticas foram medidas utilizando um espetrofotómetro. A atividade da bacteriocina foi medida por ensaio de difusão em poço.

3.9 Estirpes indicadoras

Os microrganismos nocivos causadores de deterioração alimentar, como *Staphylococcus aureus, Escherichia coli e Salmonella enteritidis,* foram obtidos no departamento CMS da Universidade de Agricultura de Faisalabad. Os micróbios de origem alimentar foram imediatamente armazenados a 4^0 C para processamento posterior. No dia seguinte, o crescimento foi imediatamente transferido para Caldo Nutriente, que foi previamente autoclavado em condições de Laboratório Esterilizado. O caldo foi incubado durante 2-3 dias a 37°C.

Nome da estirpe bacteriana indicadora	Número ATCCTM
Staphylococcus aureus	25923
Escherichia coli	25922
Salmonella enteritidis	13076

3.10 Preparação do ágar Mueller-Hinton

É um meio não seletivo e não diferencial. Isto significa que quase todos os organismos aqui colocados crescerão. Contém amido. O amido é conhecido por absorver as toxinas libertadas pelas bactérias, para que não possam interferir com os antibióticos. Também medeia a taxa de difusão dos antibióticos através do ágar. É um ágar solto. Isto permite uma melhor difusão dos antibióticos do que a maioria das outras placas. Uma melhor difusão conduz a uma zona de inibição mais verdadeira.

Princípio

O meio Mueller Hinton contém extrato de carne de bovino, hidrolisado ácido de caseína, amido e ágar. O extrato de carne de bovino e o hidrolisado ácido de caseína fornecem azoto, vitaminas, carbono, aminoácidos, enxofre e outros nutrientes essenciais. O amido é adicionado para absorver quaisquer metabolitos tóxicos produzidos. A hidrólise do amido produz dextrose, que serve como fonte de energia. O ágar é o agente solidificante.

Uma quantidade de 38 gm do meio foi suspensa num litro de água destilada. Aqueceu-se com agitação frequente e ferveu-se durante um minuto para dissolver completamente o meio. Autoclavagem a 121°C durante 15 minutos. Arrefecer até à temperatura ambiente. Verter o ágar Mueller Hinton arrefecido em placas de Petri estéreis numa superfície horizontal e nivelada para obter uma profundidade uniforme. Deixar arrefecer até à temperatura ambiente. Verificar o pH final de 7,3 ± 0,1 a 25 °C. Armazenar as placas a 2-8 °C.

3.11 Determinação do ensaio antibacteriano

A atividade antibacteriana da bacteriocina foi detectada contra *Escherichia coli, Salmonella* e *Staphylococcus aureus* pelo método de difusão em ágar (Tagg e McGiven, 1971).

Os sobrenadantes sem células (25µl) tratados a diferentes temperaturas de armazenamento, condições térmicas e valores de pH foram adicionados a poços de 5 mm em placas de ágar Mueller-Hinton. As placas de Mueller-Hinton foram espalhadas com 100 µl de suspensão de cada estirpe indicadora contendo 2 x 108 ufc/ml (Iqbal, 1998). As placas foram incubadas durante 24 horas a uma temperatura específica, de acordo com as estirpes indicadoras utilizadas. Os diâmetros da zona de inibição foram medidos utilizando um compasso de calibre vernier, conforme recomendado por (Savadogo *et al.*, 2004; Rammelsberg e Raddler, 1990).

3.12 Análise estatística

Os dados foram analisados aplicando o Erro Padrão (Média ± SE) e a análise de variância (ANOVA) em delineamento inteiramente casualizado.

CAPÍTULO 4

RESULTADOS

Este estudo foi efectuado para isolar *Bacillus subtilis* de fontes do solo e avaliar estes isolados como bactérias produtoras de bacteriocinas. Os *Bacillus subtilis* são ubíquos na natureza. A sua distribuição diversificada no ambiente confere-lhes um valor significativo de versatilidade. Encontram-se dentro, sobre e à volta das plantas. Podem ser facilmente isoladas da rizosfera de muitas plantas. Como os animais comem frequentemente plantas, também podem ser isolados das fezes dos animais. Em suma, *os bacilos* encontram-se em todo o lado, em ambientes terrestres, aquáticos e em muitos outros ambientes (Fall, 2004; Pandey e Palni, 1997). *Os Bacillus subtilis* são considerados aditivos alimentares seguros e agentes antimicrobianos em terapêutica. Neste estudo, *Bacillus subtilis* foi extraído de amostras de solo e foram estudadas algumas características importantes das bactérias antes da produção de bacteriocina.

4.1 Isolamento de *Bacillus subtilis*

Foi recolhido um total de 30 amostras de cada fonte, tais como solo, argila e matéria vegetal em decomposição de diferentes áreas universitárias, áreas de construção e terrenos agrícolas, respetivamente. As amostras foram analisadas para detetar a presença de bactérias Gram positivas, em forma de bastonete, formadoras de endosporos e catalase positivas. As amostras de solo recolhidas da rizosfera da planta deram resultados positivos para o isolamento de *Bacillus subtilis*. O que significa claramente que esta bactéria é mais abundante no solo presente perto das raízes de muitas plantas (Fall, 2004).

4.2 Identificação das bactérias isoladas

4.2.1Características culturais e morfológicas

Os isolados foram identificados como *Bacillus subtilis* com base na reação de Gram, na atividade da catalase e nas características culturais e morfológicas. A coloração de Gram mostrou bastonetes de cor púrpura dispostos separadamente e em cadeias. As colónias apresentavam um aspeto branco-creme a amarelado em placas de ágar nutriente. A elevação era plana e observou-se um crescimento do tipo disseminado em placas de Petri. A cultura foi armazenada em caldo nutriente a -20^0 C com adição de 10% (v/v) de glicerol.

Personagens da colónia	Colónias branco-amareladas com crescimento do tipo alastrante Colónias redondas e irregulares com um

	diâmetro de 2-4 mm Formulário circular, Elevação plana Margens inteiras a onduladas
Coloração de Gram	Hastes delgadas de cor púrpura de 10 microns Dispostas em cadeias ou observadas separadamente
Coloração de esporos	Endoesporos subterminais (0,7-0,8*2-4μm) Esporos corados de verde Parte vegetativa corada de rosa

Tabela 4.1: Características culturais e microscópicas do *Bacillus subtilis* isolado

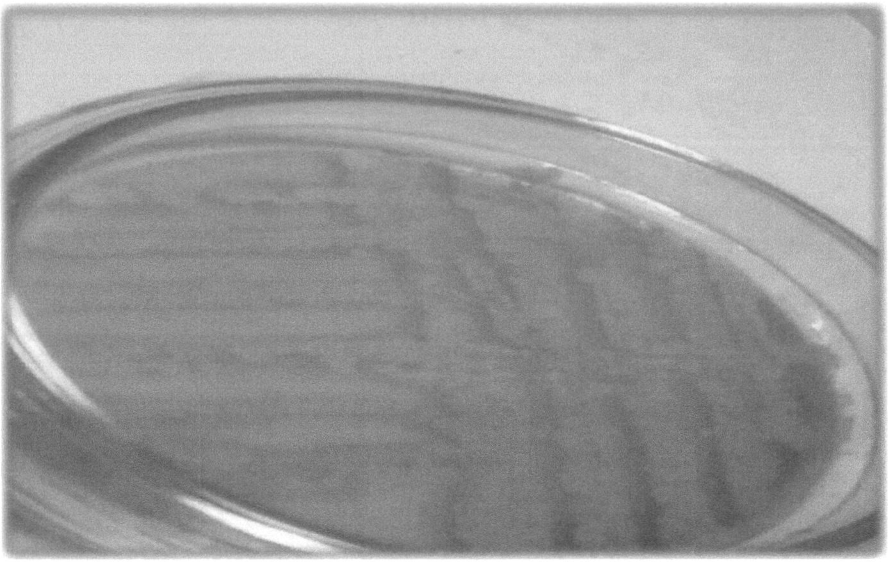

Fig. 4.1 Características culturais de *Bacillus subtilis* isolado de uma amostra de solo

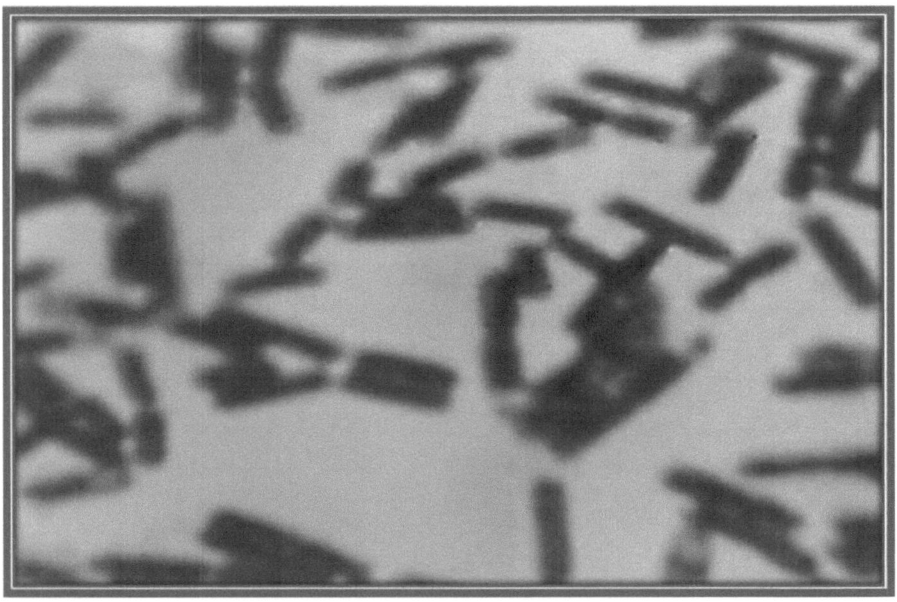

Fig. 4.2: Características morfológicas de *Bacillus subtilis* isolado de uma amostra de solo (Visto a 1000X)

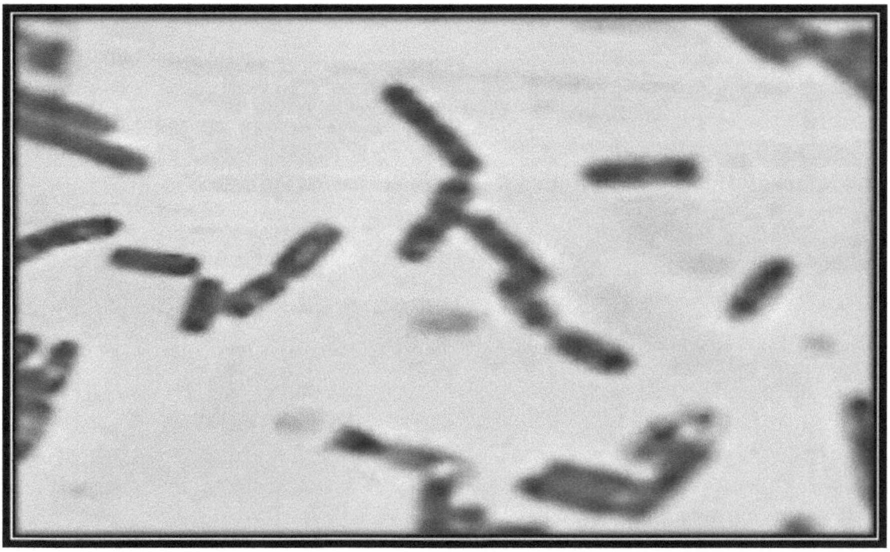

Fig. 4.3: Exame M/S de *Bacillus subtilis* após coloração de esporos

Teste da catalase	Formação de bolhas	positivo
Meio Staph 110	Não se observou crescimento a 55C	Negativo
Ensaio de hidrólise do amido	Zona livre	positivo
Ensaio do indole	Sem anel	Negativo
Teste do vermelho de metilo	Sem mudança de cor	Negativo
Voges proskauer	Cor alterada	Positivo
Fermentação da glucose	Mudança de cor e produção de gás	positivo
Fermentação da maltose	Mudança de cor e produção de gás	positivo
Fermentação da sacarose	Mudança de cor e produção	positivo

	de gás	
Fermentação da lactose	Mudança de cor e produção de gás	positivo

Fig. 4.4: Caracterização bioquímica do *Bacillus subtilis* isolado

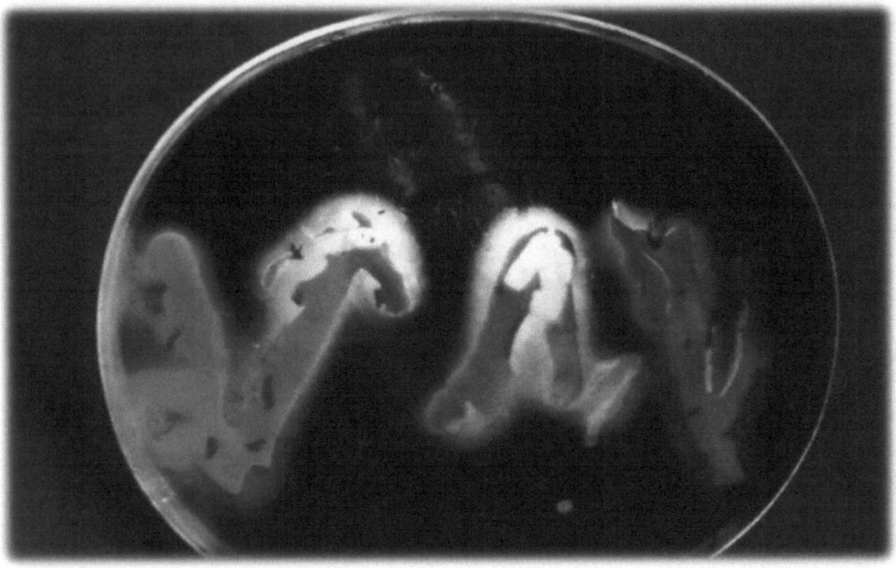

Fig. 4.5: Zona de depuração apresentada por *Bacillus subtilis* em meio de ágar-amido através do teste de hidrólise do amido

Fig. 4.6: Características culturais de *Bacillus subtilis* isolado em meio Staph110

4.3 Extração da bacteriocina

A bacteriocina foi extraída de uma cultura em caldo nutriente da bactéria *Bacillus subtilis*. A cultura em caldo foi centrifugada e obteve-se o sobrenadante. O sobrenadante foi precipitado com uma solução de sulfato de amónio a 40% e centrifugado a 15000 rpm a 4°C durante 15 minutos. Os pellets recolhidos foram armazenados a 4°C em PBS.

Fig. 4.7: Centrifugação de caldo de cultura a 15000 rpm para extração

de bacteriocina

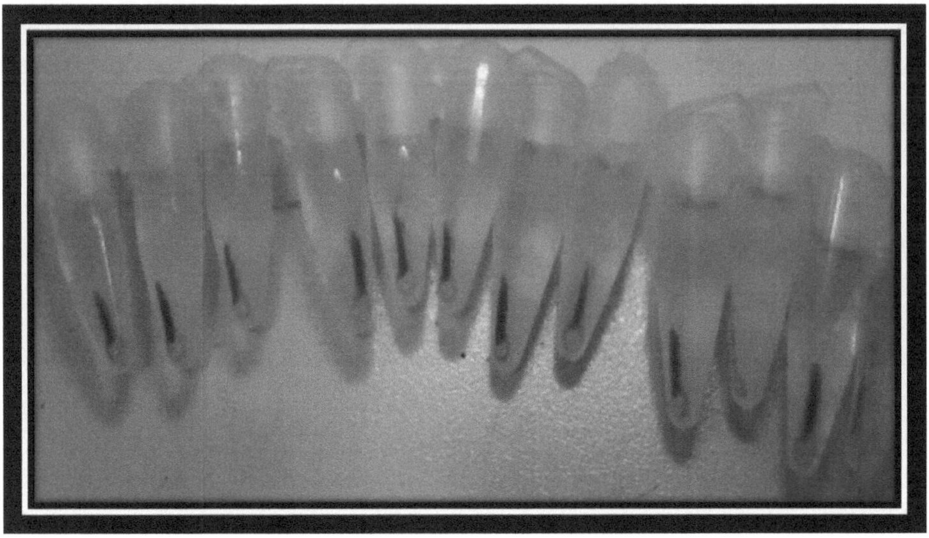

Fig. 4.8: Pellets de bacteriocina obtidos após centrifugação a 15000 rpm

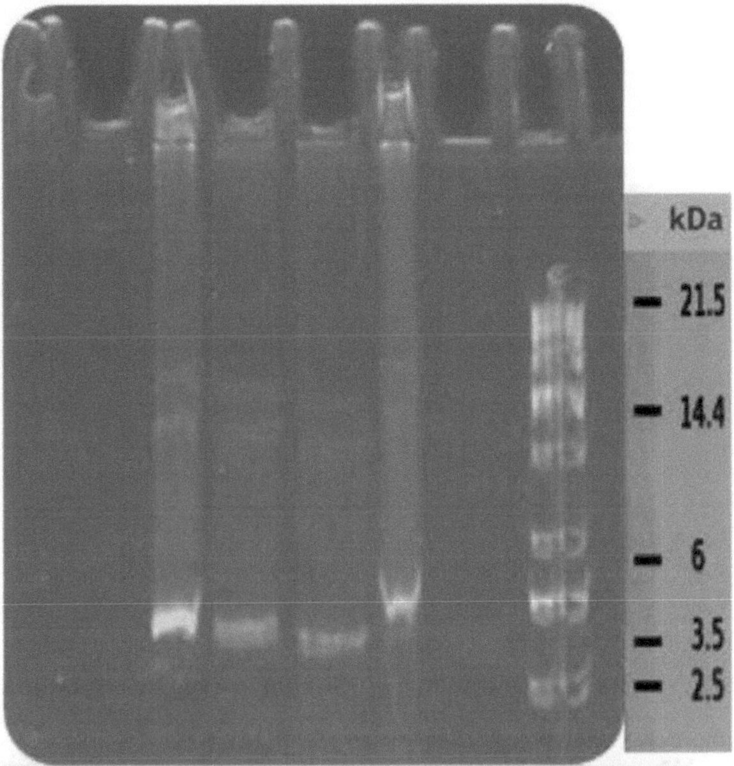

Fig: 4.9 SDS-PAGE showing molecular weight of extracted bacteriocin

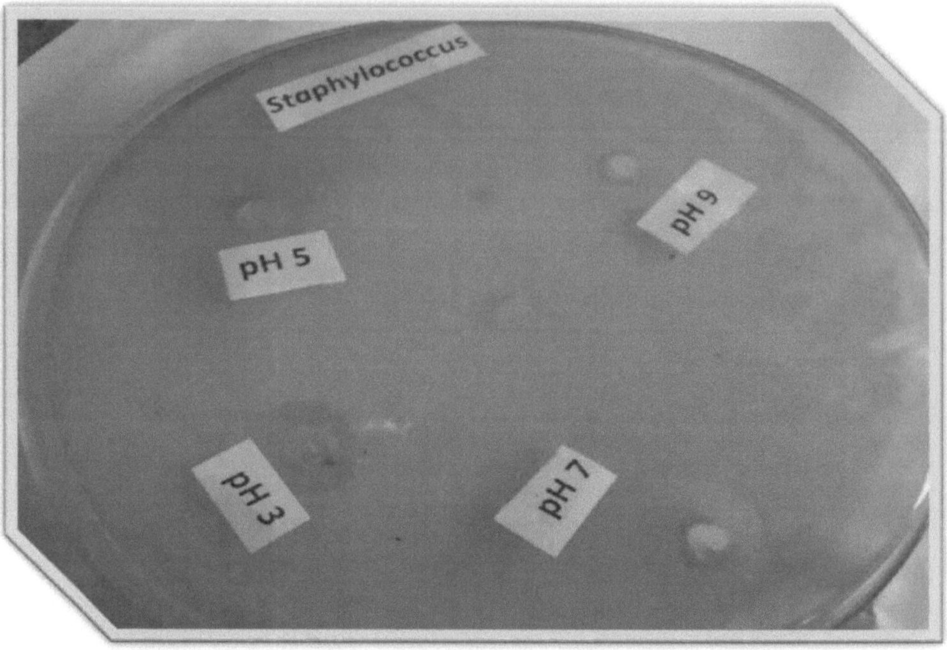

Fig. 4.10: Zona de inibição produzida pela bacteriocina contra *Staphylococcus aureus* em diferentes níveis de pH

Treatment	Zone of Inhibition (mm)	OD at 600nm	AU/ml
pH			
3	9.4	0.95	313.3
5	9.8	1.31	326.6
7	13.9	1.52	463.3
9	8.8	0.83	293.3

Tabela 4.3: Zonas de inibição (mm) e valor de DO da bacteriocina contra *Staphylococcus aureus* em diferentes níveis de pH

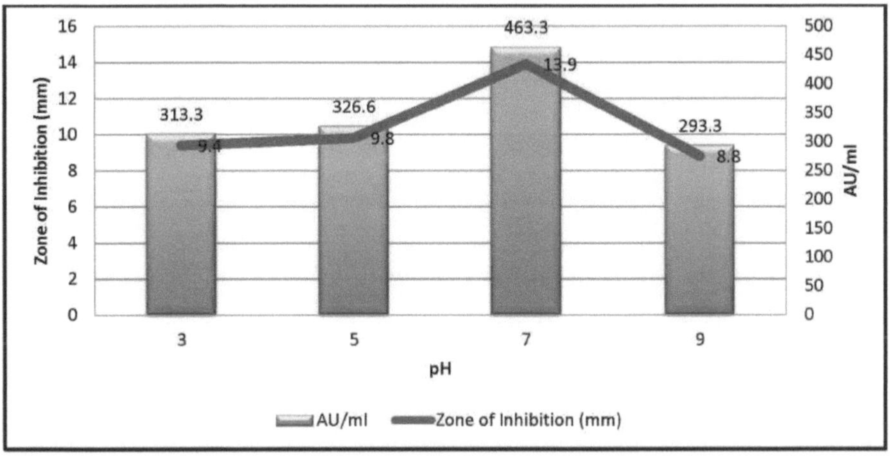

Fig. 4.11: Efeitos antibacterianos da bacteriocina em diferentes condições de pH contra *Staphylococcus aureus*

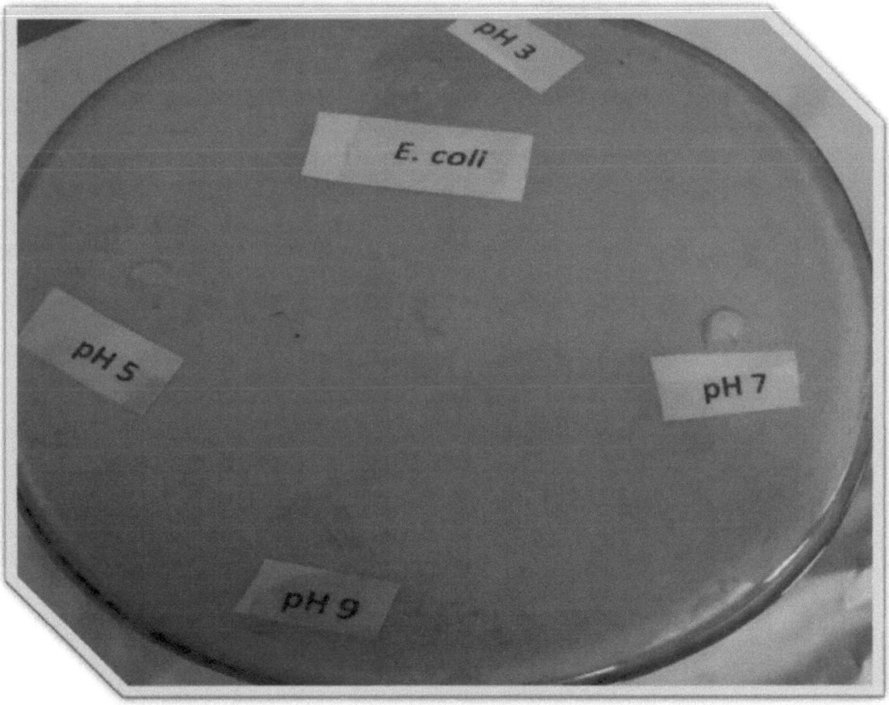

Fig. 4.12: Zona de inibição produzida pela bacteriocina contra *E. coli*

em diferentes condições de pH

Treatment	Zone of inhibition(mm)	OD at 600 nm	AU/ml
pH			
3	8.9	0.95	296.6
5	9.4	1.31	313.3
7	13.0	1.52	433.3
9	8.4	0.83	280.0

Fig. 4.4: Zona de inibição (mm) e valores de DO da bacteriocina em diferentes níveis de pH produzidos contra *E. coli*

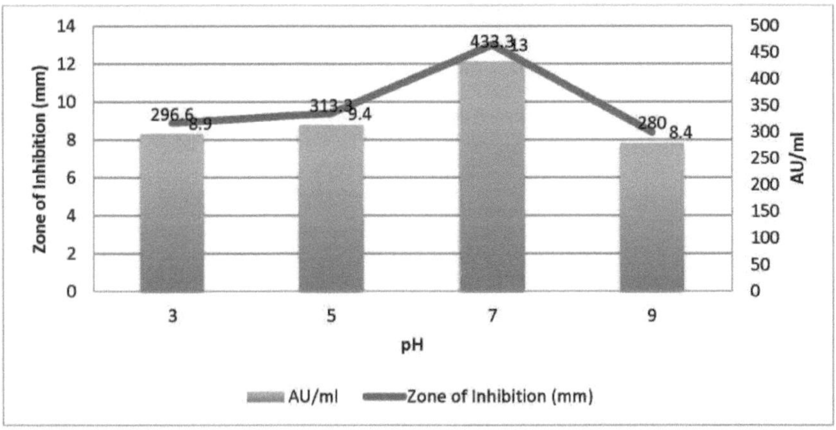

Fig. 4.13: Efeitos antibacterianos da bacteriocina em diferentes condições de pH contra *E. coli*

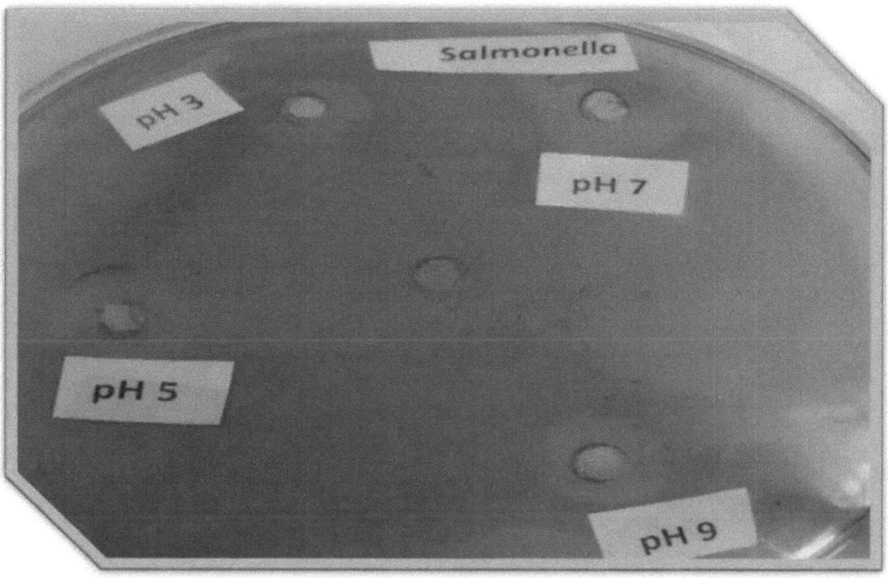

Fig. 4.14: Zona de inibição produzida pela bacteriocina contra *Salmonella enteritidis* em diferentes condições de pH

Tratamento	Zona de inibição (mm)	DO a 600 nm	AU/ml
pH			
3	8.4	0.95	280
5	9.1	1.31	303.3
7	12.4	1.52	413.3
9	8.2	0.83	273.3

Tabela 4.5: Zona de inibição (mm) e valor de DO da bacteriocina a diferentes níveis de pH produzida contra *Salmonella enteritidis*

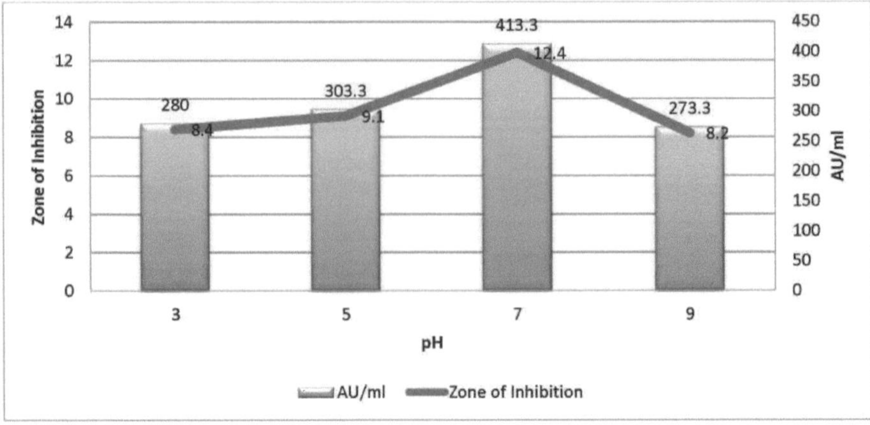

Fig. 4.15: Efeitos antibacterianos da bacteriocina em diferentes níveis de pH produzidos contra *Salmonella enteritidis*

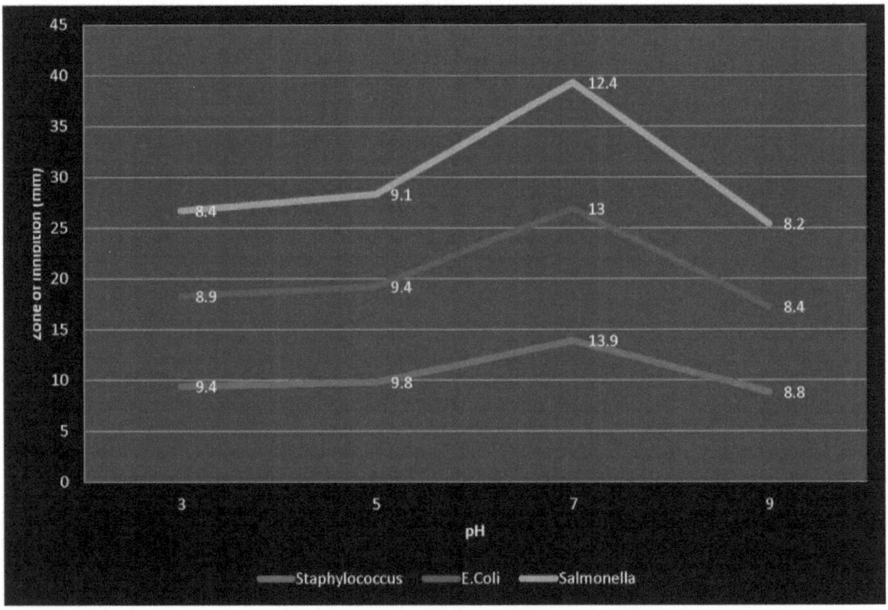

Fig. 4.16: Comparação dos efeitos antibacterianos da bacteriocina contra agentes patogénicos em diferentes níveis de pH

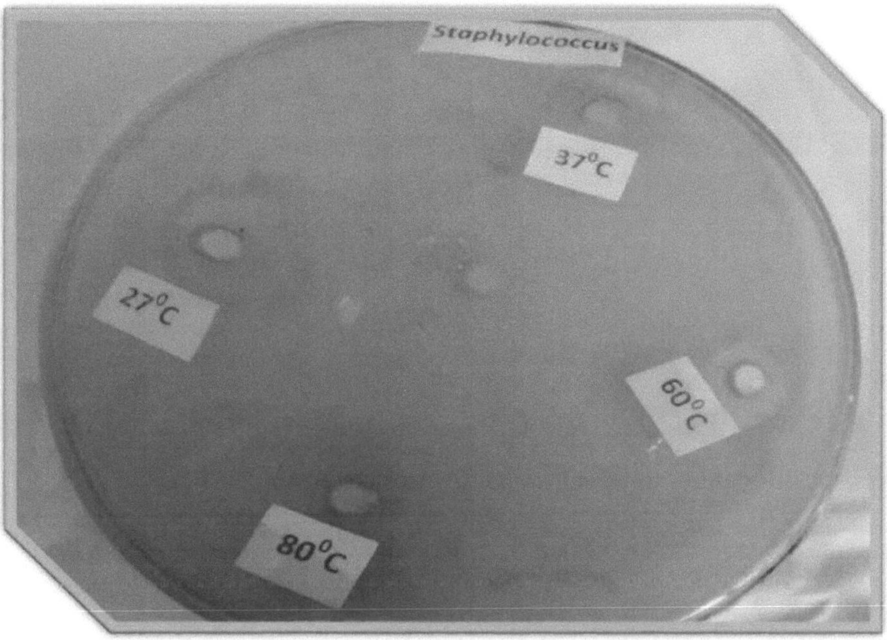

Fig. 4.17: Zona de inibição produzida pela bacteriocina contra *Staphylococcus* aureus a diferentes temperaturas de aquecimento

Tratamento	Zona de inibição (mm)	DO a 600 nm	AU/ml
Estabilidade térmica (^{0} C)			
27	10.2	1.25	346.8
37	11.6	1.36	386.6
60	7.1	0.53	236.6
80	1.4	0.27	46.6

Fig. 4.6: Zonas de inibição (mm) e valor de DO da bacteriocina contra *Staphylococcus aureus* a diferentes temperaturas de aquecimento

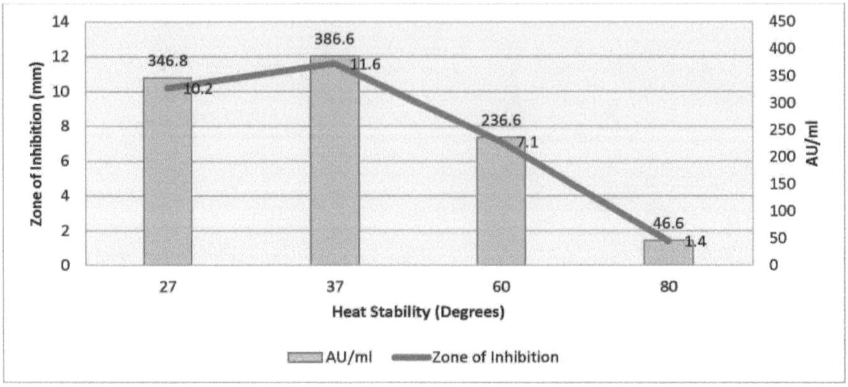

Fig. 4.18: Efeito antibacteriano da bacteriocina contra *Staphylococcus aureus* a diferentes temperaturas de aquecimento

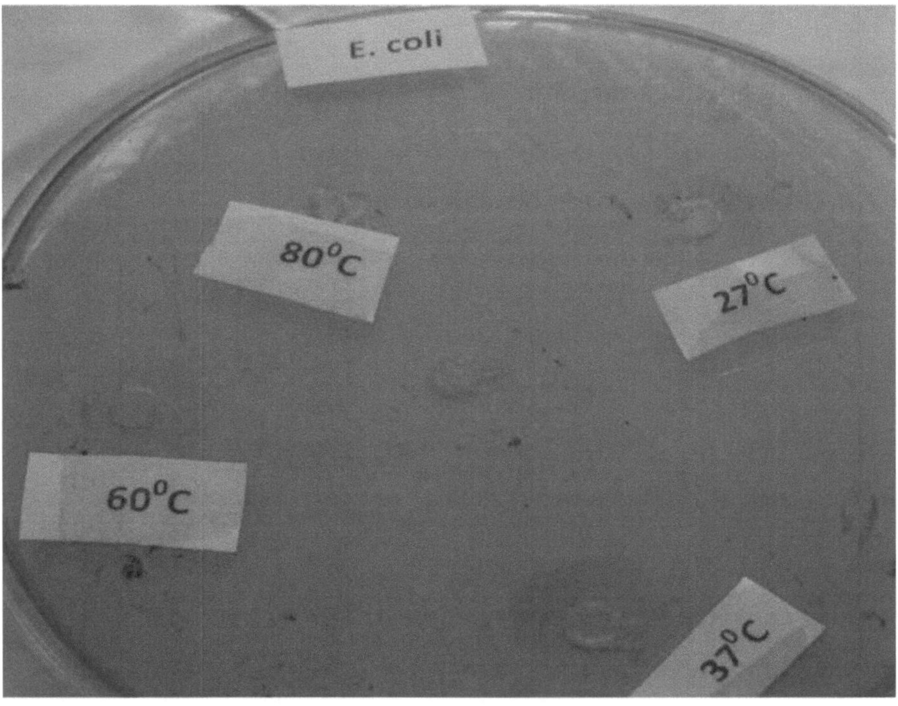

Fig. 4.19: Zona de inibição produzida pela bacteriocina contra *E. coli* a diferentes temperaturas de aquecimento

Tratamento	Zona de inibição (mm)	DO a 600 nm	AU/ml
Estabilidade ao calor			
27	9.8	1.25	326.6
37	10.1	1.36	336.6
60	6.8	0.53	226.6
80	1.2	0.27	40.1

Fig. 4.7: Zonas de inibição (mm) e valor de DO da bacteriocina contra *E. coli* a diferentes temperaturas de aquecimento

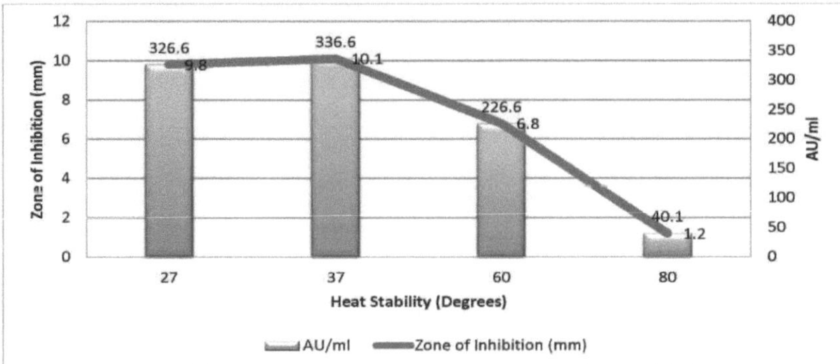

Fig. 4.21: Efeito antibacteriano da bacteriocina contra *E. coli* a diferentes temperaturas de aquecimento

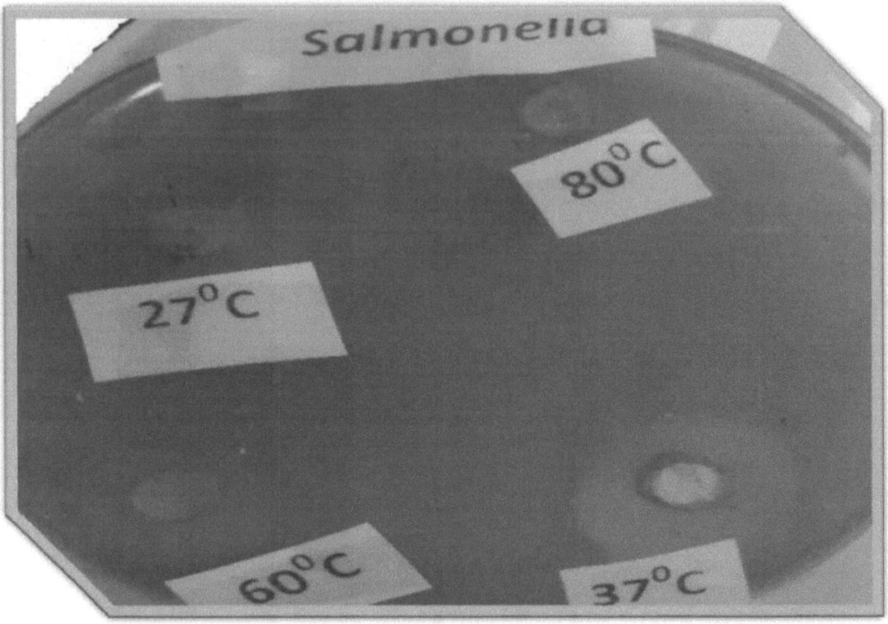

Fig. 4.22: Zona de inibição produzida pela bacteriocina contra *Salmonella enteritidis* a diferentes temperaturas de aquecimento

Tratamento	Zona de inibição (mm)	DO a 600 nm	AU/ml
Estabilidade ao calor (^{0} C)			
27	8.5	1.25	283.3
37	9.4	1.36	313.3
60	6.2	0.53	206.6
80	1.1	0.27	36.7

Tabela 4.8: Zonas de inibição (mm) e valor de DO da bacteriocina contra *Salmonella enteritidis a* diferentes temperaturas de aquecimento

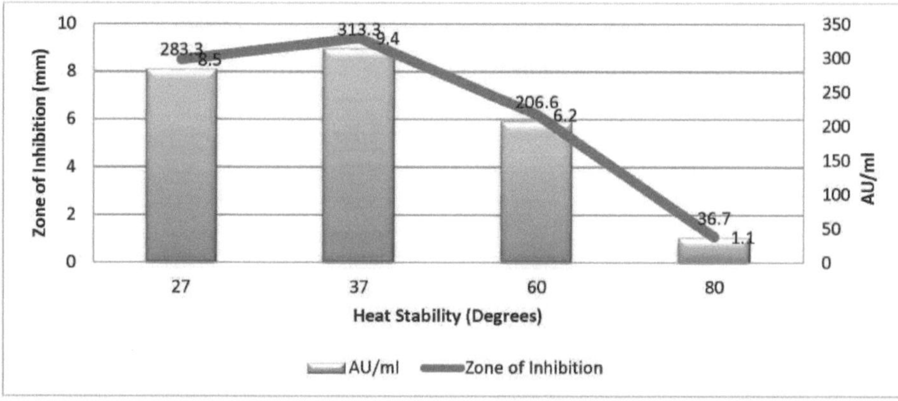

Fig. 4.23: Efeito antibacteriano da bacteriocina contra *Salmonella enteritidis* a diferentes temperaturas de aquecimento

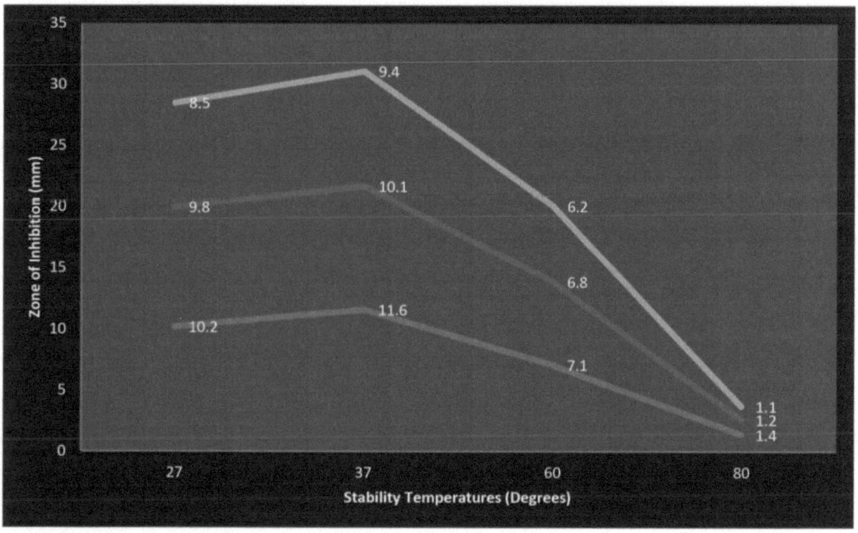

---_*Staphylococcus aureus*

---_E. *coli*

---_*Salmonella enteritidis*

Fig. 4.24: Comparação dos efeitos antibacterianos da bacteriocina contra agentes patogénicos a diferentes temperaturas de aquecimento

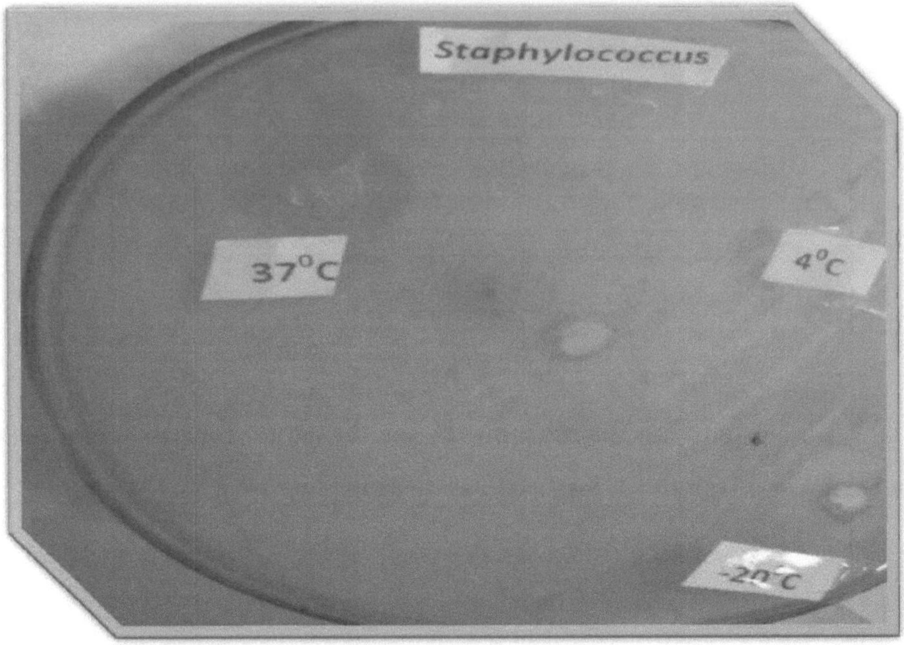

Fig. 4.25: Zona de inibição produzida pela bacteriocina contra *Staphylococcus aureus* em diferentes condições de armazenamento

tratamento	Zona de inibição (mm)	DO a 600 nm	AU/ml
Condições de armazenamento (^{0} C)			
4	11.6	1.36	386.6
37	11.2	1.25	373.3
-20	10.1	0.95	336.6

Fig. 4.9: Efeito antibacteriano da bacteriocina contra *Staphylococcus aureus* em diferentes condições de armazenamento

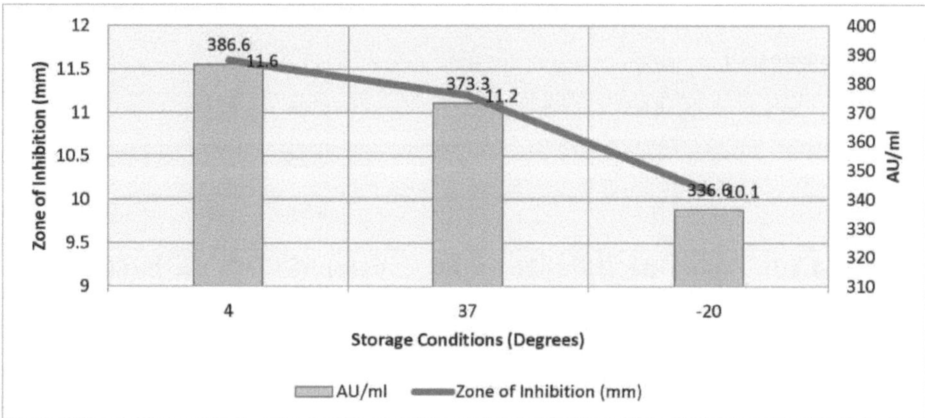

Fig. 4.26: Efeito antibacteriano da bacteriocina contra *Staphylococcus aureus* em diferentes condições de armazenamento

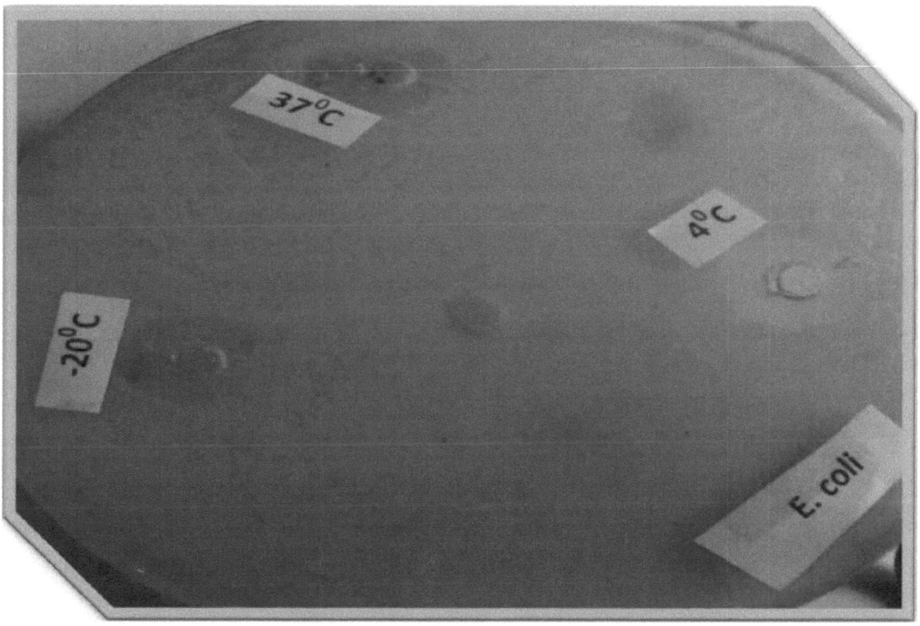

Fig. 4.27: Zona de inibição produzida pela bacteriocina contra *E. coli* em diferentes condições de armazenamento

Tratamento	Zona de inibição (mm)	DO a 600 nm	AU/ml

Condições de armazenamento (°C)			
4	10.1	1.36	336.7
37	9.6	1.25	320.1
-20	9.1	0.95	303.3

Tabela 4.10: Zonas de inibição (mm) e valor de DO da bacteriocina contra *E. coli* em diferentes condições de armazenamento

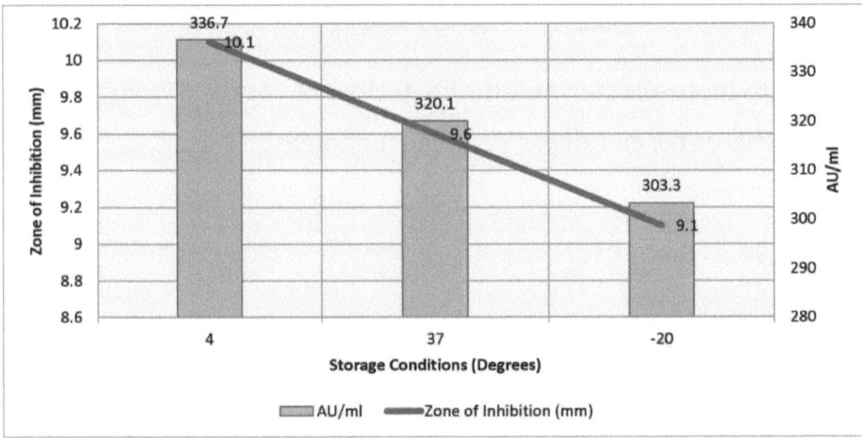

Fig. 4.28: Efeito antibacteriano da bacteriocina contra *E. coli* em diferentes condições de armazenamento

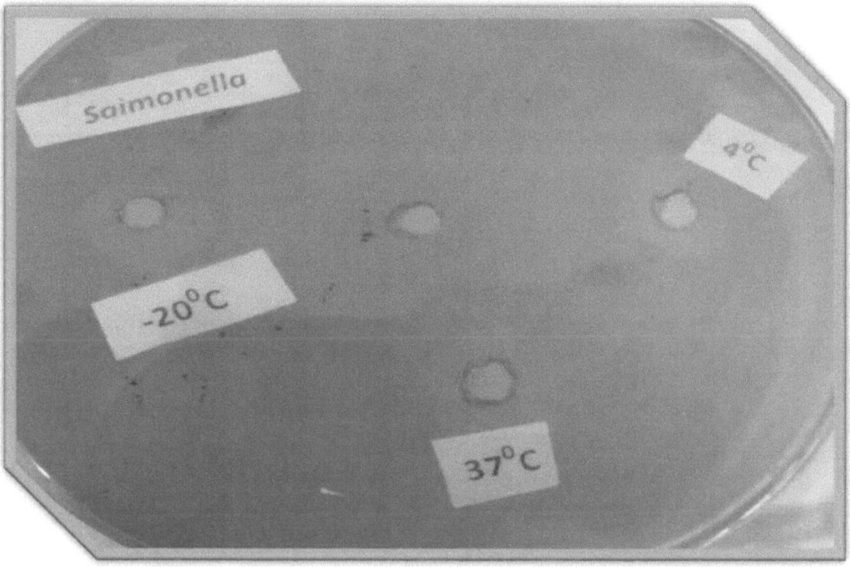

Fig. 4.29: Zona de inibição produzida pela bacteriocina contra *Salmonella enteritidis* em diferentes condições de armazenamento

Tratamento	Zona de inibição (mm)	DO a 600 nm	AU/ml
Condições de armazenamento (^{0} C)			
4	9.4	1.36	313.3
37	8.1	1.25	270
-20	7.1	0.95	236.6

Tabela 4.11: Zonas de inibição (mm) e valor de DO da bacteriocina contra *Salmonella enteritidis* em diferentes condições de armazenamento

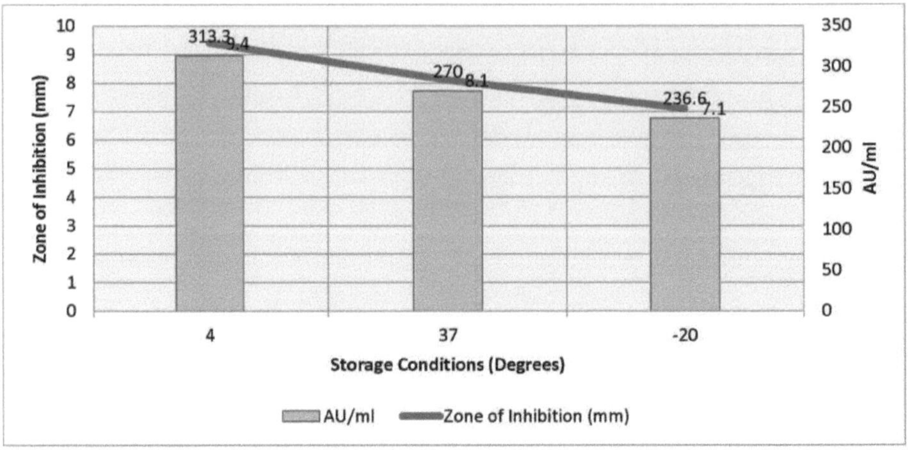

Fig. 4.30: Efeito antibacteriano da bacteriocina contra *Salmonella enteritidis* em diferentes condições de armazenamento

CAPÍTULO 5

DISCUSSÃO

O objetivo deste estudo foi isolar *Bacillus subtilis* produtores de bacteriocina localmente a partir de fontes do solo e analisar a sua bacteriocina como potencial agente antimicrobiano natural contra bactérias Gram positivas e Gram negativas que produzem deterioração alimentar. *O Bacillus subtilis* foi isolado de diferentes amostras de solo. Estas bactérias foram caracterizadas e sujeitas ao estudo da atividade antimicrobiana da sua bacteriocina.

As bactérias pertencentes ao género *Bacillus* estão amplamente disseminadas no ambiente e podem ser facilmente isoladas de uma grande variedade de alimentos de origem animal e vegetal, do solo e de fontes aquáticas naturais. Os membros do género *Bacillus* são basicamente aeróbios ou anaeróbios facultativos. Estas bactérias são bastonetes formadores de endosporos Gram-positivos ou, por vezes, Gram-variáveis (Foldes, 2000).

A capacidade de obter péptidos antimicrobianos é comummente difundida entre os microrganismos Gram-positivos. Estes compostos antimicrobianos são dirigidos contra micróbios potencialmente competitivos, gerando assim um ganho seletivo para as suas estirpes produtoras. Os péptidos bioactivos antimicrobianos produzidos pela síntese ribossómica são normalmente designados por bacteriocinas, e estes compostos são um conjunto heterólogo de substâncias antibacterianas e antifúngicas proteicas que são reunidas por bactérias de cada linhagem principal. Apresentam um elevado grau de especificidade contra bactérias associadas, embora muitas tenham um espetro de ação mais amplo.

A natureza proteica infere uma ação de degradação putativa nos tractos gástrico e intestinal dos animais e dos seres humanos, o que significa que são utilizados como conservantes aceites nos alimentos (Riley e Wertz, 2002).

Não se registam efeitos secundários no caso das bacteriocinas porque estas são facilmente digeridas no trato digestivo por ação enzimática. As bacteriocinas foram isoladas em pequenas quantidades devido à sua adsorção à superfície celular. Estas foram isoladas por precipitação com sulfato de amónio, de acordo com Sambrook *et al.*, 1989.

A presença deste sal estabilizou os numerosos aglomerados carregados numa molécula de proteína, atraindo assim as moléculas de proteína para a solução e aumentando a solubilidade das proteínas. Este método apresenta algumas limitações, mas é adequado, uma vez que não consome muito tempo e é económico. O sulfato de amónio foi preferido devido à sua maior solubilidade.

O método de isolamento da bacteriocina envolveu a remoção do conteúdo celular do caldo de cultura, seguida de ajuste do pH para 6,9, precipitação com $(NH4)_2$ SO4 e ultracentrifugação a 15000 rpm durante 20 minutos a 4° C. Este método recuperou apenas uma pequena porção da bacteriocina presente no caldo devido à absorção pela superfície celular (Kaiser e Montville, 1996)

Há já alguns anos que a segurança alimentar está a ser ameaçada pela contaminação dos produtos alimentares com fungos e bactérias patogénicos. De acordo com uma estimativa da OMS, cerca de um milhão de pessoas morrem todos os anos devido à contaminação por micróbios letais que provocam a deterioração dos alimentos. Apesar de toda a heterogeneidade do comércio de alimentos, a esperteza dos micróbios nocivos tornou-os capazes de invadir os produtos alimentares e de escapar à ação dos antibióticos utilizados convencionalmente, causando doenças alimentares maciças, a principal preocupação dos tempos actuais. A presença de micróbios provoca a deterioração dos alimentos, alterando os seus sabores e tornando-os odoríferos. A economia alimentar em crise e a resistência contínua dos micróbios levaram os cientistas a procurar alternativas. Consequentemente, foram efectuados desenvolvimentos contínuos e novas técnicas reforçaram a importância das bacteriocinas (Kumar e Schweiser, 2005; Fisher *et al.*, 2005).

As bacteriocinas foram isoladas do caldo nutriente após culturas de enriquecimento de *Bacillus subtilis.* As bacteriocinas foram geralmente produzidas por *Bacillus subtilis* durante a fase de crescimento ativo. A produção de bacteriocinas é aumentada em condições ambientais que favorecem o crescimento bacteriano e densidades celulares mais elevadas (Branden e Tooze, 1991).

A bacteriocina foi extraída pelo método de salga. O sobrenadante após centrifugação foi precipitado com sulfato de amónio e mantido numa incubadora com agitação. A solução foi novamente centrifugada a 15000 rpm durante 20 minutos. A substância inibidora isolada de *Bacillus subtilis* pode ser um composto antifúngico e antibacteriano de natureza proteica (Torkar e Matijasic, 2003).

A bacteriocina foi posteriormente purificada através de SDS-PAGE e o peso molecular dos péptidos foi determinado. Este método é utilizado para a separação de proteínas por eletroforese através de um gel descontínuo de poliacrilamida como meio de suporte e dodecil sulfato de sódio (SDS) para desnaturar as moléculas de proteína (Merril *et al.*, 1981). A bacteriocina foi optimizada em diferentes condições de pH, aquecimento e armazenamento e a sua atividade antibacteriana foi testada a diferentes níveis através do método de difusão em poço de ágar. Um maior rendimento celular não resulta numa maior produção de bacteriocina.

Nivedita e os seus colaboradores (2011) extraíram e purificaram a bacteriocina *de Bacillus subtilis* por exclusão de gel e estimaram os pesos moleculares por SDS-PAGE. Verificaram que as unidades de atividade da bacteriocina aumentam com cada passo da purificação. Assim, o aumento das unidades de atividade causa o aumento acentuado das zonas de inibição dos micróbios indicadores que estragam os produtos alimentares. O peso da bacteriocina de *Bacillus subtilis* deve situar-se no intervalo de 3KDa a 8KDa (Abriouel *et al.*, 2001).

É encontrada uma relação significativa entre a produção de bacteriocina e as condições ambientais. A bacteriocina extraída de *Bacillus subtilis* exibe uma ação notável em amplas gamas de pH, nutrientes, temperaturas de aquecimento, enzimas e condições de armazenamento. Alguns estudos afirmam que a produção de bacteriocina e a sua manutenção são normalmente afectadas por diversas influências ambientais, tais como condições de crescimento atmosférico distintas, choque de ultra-sons e depleção de nutrientes na adsorção de bacteriocina da célula (Settanni *et al.*, 2008).

Diferentes estirpes de *Bacillus subtilis* têm a capacidade de produzir substâncias inibidoras eficazes contra bactérias de origem alimentar. Estas substâncias têm acções inibidoras contra micróbios patogénicos letais. As substâncias antimicrobianas produzidas *por Bacillus subtilis* são normalmente de natureza proteica (Klaenhammer, 1988; Bernhard *et al.*, 1978).

O espetro de inibição foi diferente para cada bactéria utilizada como estirpe indicadora. Os resultados indicaram que *Staphylococcus aureus* foi a mais sensível à bacteriocina extraída de *Bacillus subtilis*, seguida de *E. coli* e *Salmonella enteritidis.* Recentemente, Bhuvaneswari (2015) e colaboradores também determinaram os efeitos antagonistas das bacteriocinas de *Bacillus subtilis BMPO1*, que mostraram uma atividade máxima contra *Staphylococcus aureus*, seguido de *E. coli.*

Estudos realizados anteriormente indicaram claramente que a bacteriocina isolada da bactéria *Bacillus* apresenta actividades inibitórias notáveis contra fungos Gram positivos, Gram negativos e fungos que estragam os alimentos (Naclerio *et al.*, 1993).

As variações de sensibilidade observadas contra diferentes micróbios devem-se à codificação genética específica das estirpes-alvo e às características das bacteriocinas tratadas com diferentes variáveis independentes. A nisina foi a primeira das Iantibióticas mais bem estudadas (Klaenhammer, 1988).

Encontra aplicações especiais na inibição do efeito do sopro tardio do queijo, impedindo o desenvolvimento de esporos *de Clostridium*, e é utilizada em produtos alimentares pasteurizados seleccionados. A atividade antibacteriana da Nisina e a sua promissora utilização como conservante foram declaradas num grande número de unidades alimentares, sendo a sua utilização para a inibição de alguns agentes patogénicos nocivos e micróbios que deterioram os alimentos aceite em muitos países (Daeschel, 1989).

Atualmente, as estirpes de *Bacillus subtilis* que produzem bacteriocinas são consideradas superiores às bacteriocinas extraídas de BAL, uma vez que estas não são degradadas por enzimas proteases como as bacteriocinas de muitas estirpes de BAL. As estirpes de *Bacillus* produzem duas dúzias de péptidos antimicrobianos, como a subtilina produzida pela estirpe ATCC 6633, a Ericina S (A1/3), a Ericina A (A1/3), a Mersacidina, a Subtilosina (168 ATCC 6633 e muitas outras, que são activas contra micróbios que estragam os alimentos e que chamam mais a atenção como candidatos superiores a antibióticos e biopreservantes (Stein, 2005).

Bhuvaneswari *et al.*, (2015) isolaram as bacteriocinas *Bacillus subtilis* BMP01 de *Solanum trilobatum L* e investigaram a atividade do péptido antimicrobiano optimizando-o a diferentes temperaturas de aquecimento e níveis de pH e concluíram que a atividade máxima foi demonstrada à temperatura de 37 e pH 7 contra *Staphylococcus aureus* e *E. coli.*

Do mesmo modo, no presente estudo, a bacteriocina foi tratada a diferentes níveis de pH, temperatura de aquecimento e armazenamento, as densidades ópticas foram determinadas por espetrofotómetro e foram testadas quanto à atividade antibacteriana contra micróbios de origem alimentar. As medições das zonas de inibição mostraram que a bacteriocina teve a melhor atividade antimicrobiana a pH 7, temperatura de 37°C e armazenamento a 4°C. Os resultados também revelaram que a melhor atividade foi observada contra *Staphylococcus aureus* seguido de *E. coli* e *Salmonella enteritidis.*

Os resultados do teste crítico da análise estatística indicaram que havia uma diferença significativa entre as médias das zonas inibidas pela bacteriocina optimizada a diferentes níveis de pH e temperatura de aquecimento. Com a mudança de pH de ácido para neutro, a produção e a atividade da bacteriocina aumentaram, mas de neutro para alcalino, notou-se uma redução parcial da atividade. No entanto, a propriedade única da bacteriocina de *Bacillus subtilis* de tolerar uma vasta gama de pH coloca-a como potencial bioconservante de alimentos ácidos, neutros e alcalinos (Martirani *et al., 2002).*

A bacteriocina mostrou uma atividade máxima quando armazenada a 4°C e uma ligeira redução da atividade foi observada a 37°C e a -20°C. Nivedita e co-cientistas (2011), numa das suas experiências, sugeriram a sua utilização como conservante natural de alimentos processados mesmo em condições de refrigeração. A atividade da bacteriocina foi considerada boa mesmo a 27°C de aquecimento, sugerindo o seu papel como conservante de alimentos armazenados à temperatura ambiente. Com um certo aumento da temperatura, a produção de bacteriocina diminuiu e uma mudança abrupta de atividade foi observada para um aumento adicional da temperatura de 60°C para 80°C. Bizani (2002) isolou a bacteriocina da estirpe 8A de *espécies de Bacillus* do solo e concluiu que este composto antimicrobiano bioativo era estável a 55°C mas perdia a sua atividade a 87° C.

A bacteriocina extraída de *B. subtilis* tem uma reputação otimista para ser utilizada como bio-conservante de alimentos porque tem todas as características necessárias para evitar o processo de deterioração. A bacteriocina é frequentemente segregada por micróbios de qualidade alimentar que já estão presentes nos alimentos, tornando-os assim totalmente não tóxicos para o consumo humano. Tem um potencial de antagonismo de largo espetro contra uma variedade de microrganismos de origem alimentar graves e difíceis de combater. Apresenta frequentemente uma ação bactericida e provoca a morte definitiva de agentes patogénicos letais. A ação da bacteriocina a altas temperaturas e a amplas gamas de pH confere estabilidade e a degradação destes péptidos na presença de qualquer enzima proteolítica torna-a absolutamente segura para o consumo humano (Nivedita *et al.*, 2011; Sharma e Gautam, 2007).

Os agentes patogénicos estão a mostrar uma resistência constante aos antibióticos convencionalmente utilizados, pelo que há uma necessidade urgente de explorar outros agentes antimicrobianos novos e também compostos anti-infecciosos e desenvolver estratégias extremamente avançadas para combater a resistência de micróbios mortais (Naghmouchi *et al.*, 2013).

Assim, a conservação de alimentos através de estratégias naturais ou microbiológicas pode ser considerada como uma abordagem aceitável para diminuir a ocorrência de doenças transmitidas por alimentos, resolvendo perdas fiscais devido à deterioração de alimentos crus por micróbios e para desenvolver melhores fornecimentos de alimentos exatamente de acordo com as necessidades da crescente população mundial (Galvez *et al.*, 2008; Altuntas *et al.*, 2010).

Conclusão

A bacteriocina extraída de *Bacillus subtilis* mostrou uma atividade antibacteriana notável. A atividade máxima foi exibida contra a bactéria Gram positiva (*Staphylococcus aureus*) seguida de bactérias Gram negativas (*E. coli e Salmonella enteritidis*). A atividade da bacteriocina foi óptima a pH 7, aquecimento a 37°C e armazenamento a 4°C.

Outras recomendações

Com base nos nossos resultados, é altamente recomendável que a bacteriocina extraída de *Bacillus subtilis* seja boa na inibição do crescimento de muitos micróbios patogénicos, pelo que as suas propriedades probióticas devem ser avaliadas *in vivo*. A eficácia da bacteriocina para ser utilizada como um biocontrolo natural da vegetação também deve ser avaliada, uma vez que as bacteriocinas *de Bacillus* têm capacidade de bioprotecção da vegetação através da inibição de micróbios patogénicos na rizosfera das plantas.

CAPÍTULO 6

RESUMO

A deterioração dos alimentos é um processo complicado e perdem-se quantidades enormes de produtos alimentares devido à contaminação dos alimentos com micróbios patogénicos, mesmo com técnicas modernas de salvaguarda e conservação. A OMS estima que cerca de um milhão de pessoas morrem todos os anos devido à contaminação de géneros alimentícios com micróbios nocivos. Por conseguinte, a dissipação da confiança do cliente nas indústrias alimentares e a recusa de aceitação de alimentos tratados com aditivos alimentares incitaram os académicos a procurar outras formas naturais de tratar os micróbios e prevenir a deterioração. A este respeito, a bacteriocina extraída de micróbios Gram positivos provou o seu valor na preservação e terapêutica dos alimentos.

O presente estudo foi concebido para analisar a atividade antibacteriana das bacteriocinas do *Bacillus subtilis* isolado localmente. Foram recolhidas diferentes amostras de solo de zonas universitárias. Os isolados foram identificados com base em características macroscópicas, microscópicas e bioquímicas. As bactérias isoladas foram preservadas em caldo nutriente com a adição de uma solução de glicerol a 20%.

A bacteriocina foi extraída pelo método de precipitação com sulfato de amónio. Este método foi preferido devido à maior solubilidade do sal de sulfato de amónio. A cultura em caldo foi centrifugada e o sobrenadante sem células foi precipitado com uma solução de sulfato de amónio a 40%. A solução foi novamente centrifugada e os pellets obtidos foram dissolvidos em tampão fosfato salino. A estabilidade da bacteriocina foi verificada em diferentes níveis de pH, condições de armazenamento e temperaturas de aquecimento.

Três micróbios patogénicos que estragam os alimentos foram obtidos no departamento CMS, UAF, Faisalabad. A atividade antimicrobiana da bacteriocina extraída foi determinada pelo método de difusão em ágar bem em meio Mueller-Hinton. Os resultados indicaram que a bacteriocina extraída de *Bacillus subtilis* apresentou uma zona de inibição máxima contra *Staphylococcus aureus*, seguida de *E. coli* e *Salmonella enteritidis*.

A bacteriocina mostrou atividade máxima a pH 7, armazenamento a 4°C e aquecimento a 37°C. A análise estatística mostrou que havia uma diferença significativa nas médias da zona de inibição produzida pela bacteriocina contra diferentes micróbios que estragam os alimentos.

Este estudo revela que a bacteriocina *de Bacillus* é capaz de inibir o crescimento de micróbios patogénicos. Devido ao seu potencial para exibir actividades antibacterianas notáveis contra micróbios Gram positivos e Gram negativos, pode ser utilizada com segurança como alternativa aos antibióticos e conservantes naturais de alimentos.

REFERÊNCIAS

Abee T, 1995. Bacteriocinas formadoras de poros de bactérias Gram positivas e mecanismo de auto-proteção dos organismos produtores. FEMS Microbiol Lett. 129: 1-10.

Abee T e C Hill, 1995. Bacteriocina: modos de ação e potencial de utilização na conservação de alimentos e no controlo da intoxicação alimentar. Int J Food Microbiol. 28: 169-185.

Abriouel H, CM Franz, NB Omar e A Gâlvez, 2001. Diversidade e aplicações das bacteriocinas *de Bacillus. FEMS microbiology reviews. 35*(1) 201-232.

Adams MR e L Nicolaides, 1997. Revisão da sensibilidade de diferentes agentes patogénicos de origem alimentar à fermentação. Food Cont. 8:227-239.

Alcaraz LD, GM Hagelsieb, L Eguiart, V Souza, LH Estrella e G Olmedo, 2010.

Compreender as relações evolutivas e as principais características de *Bacillus* através da genómica comparativa. *BMC Genomics*. 11:332.

Anónimo, 1985. Subcomité de Critérios Microbiológicos: Comité de Proteção Alimentar; Conselho Nacional de Investigação do Conselho de Alimentação e Nutrição, uma avaliação do papel dos critérios microbiológicos para alimentos e ingredientes alimentares.

National Academy Press, Washington, DC.

Ansari A, A Aman, NS Naveed, S Iqbal, SA Qader, 2012. Bacteriocina (BAC IB17): Rastreio, isolamento e produção a partir de *Bacillus subtilis* KIBGE IB 17. *Pak J Pharm Sci.* 25(1): 195-201.

Ara K, M Hama, S Akiba , K Koike , K Okisaka, T Hagura, T Kamiya e F Tomita , 2006. Odor dos pés devido ao metabolismo microbiano e seu controlo. J Microbiol. 52:357-364.

Altuntas EG, D Kocan, S Cosansu, K Ayhan, VK Juneja e L Materon, 2012. Antibiotic and Bacteriocin Sensitivity of *Listeria monocytogenes* Strains Isolated from Different Foods (Sensibilidade a antibióticos e bacteriocinas de estirpes de *Listeria monocytogenes* isoladas de diferentes alimentos). Food Nut Sci. 3:363-368.

Aureli P, GC Fiorucci, D Caroli, G Marchiaro, O Novara e L Leone, 2000. Um surto de gastroenterite febril associado a milho contaminado por *Listeria monocytogenes*. Eng J Med. 342 : 1236-1241.

Bai Y, FD Aoust, DL Smith e BT Driscoll , 2002. Isolamento de estirpes de *Bacillus* promotoras do crescimento de plantas a partir de nódulos de raízes de soja. J Microbiol. 48: 230-238.

Barbosa TM, 2005. Rastreio de isolados de *Bacillus* no trato gastrointestinal de frangos de carne. Appl Environ Microbiol. 71:968-978. .

Barker HA, 1956. Bacterial fermentation. John Wiley and Sons, Inc., Nova Iorque, NY.

Baruzzi F, A Matarante, L Caputo e M Morea, 2006. Caracterização molecular e fisiológica de comunidades microbianas naturais isoladas de um enchido tradicional do Sul de Itália. Meat Sci. 72:261-269.

Bartelt M, 2000. Diagnostic bacteriology, a study guide. F. A. Davis C, Philadelphia, PA.

Belkum MJ, BJ Hayema, A Geis, J Kok e G Venema, 1989. Clonagem de dois genes de bacteriocina a partir de um plasmídeo de bacteriocina *lactocócica*. Appl Environ Microbiol. 55: 1187-1191.

Becton D, 1953. Difco manual of dehydrate media and reagents for microbiological and clinical laboratory procedures, 9th ed., Detroit, MI. Difco Laboratories, Detroit, MI.

Bernhard K, H Schrempf e W Goebel, 1978. Plasmídeos de resistência a bacteriocinas e antibióticos em *Bacillus cereus* e *Bacillus subtilis*. *JBacteriol. 133*(2): 897-903.

Benson HJ, 1985. Experiência 12 - Preparação de esfregaços, Aplicações microbiológicas: A laboratory manual in general microbiology, 4th ed. WMC. Brown Publishers, Dubuque, IA.

Bhuvaneswari S, S Madhavan e A Panneerselvam, 2015. Otimização da produção de bacteriocina por *Bacillus subtilis* BMP01 isolado de Solanum trilobatum L. *Int J Curr Microbiol App Sci. 3:* 617-626.

Bizani D e A Brandelli, 2002. Caracterização de uma bacteriocina produzida por uma estirpe 8A de *Bacillus* sp. recentemente isolada. J Appl Microbiol. 93: 512-519.

Boman S, J Marsh e JA Goode, 1994. Antimicrobial peptides. Wiley Chichester, Reino Unido.

Branda SS, 2005. Biofilmes: a matriz revisitada. Trends Microbiol. 13:20-26.

Barritt, MM, 1936. A intensificação da reação de Voges-Proskauer pela adição de a-naftol. J Pathol Bacteriol. 42:441-454.

Branden T e J Tooze, 1991. Introduction to protein structure. Garland, Nova Iorque.

Braun V, H Pilsl e P Groβ, 1994. Colicinas: estruturas, modos de ação, transferência através de membranas e evolução. Arch Microbiol. 161:199-206.

Buchman G, S Banerjee e J Hansen, 1988. Estrutura, expressão e evolução do gene que codifica o precursor da nisina, uma pequena proteína antibiótica. J Biol Chem. 263:16260-66.

Buxton A e G Fraser, 1977. Animal Microbiology. Black well publishers, Oxford. Vol I e II.

Buzby JC e T Roberts, 1997. Economic Cost and trade impacts of Microbial food- borneillness.

World Healh Stat Q.50:57-66.

Carlin F, 2011. Origem dos esporos bacterianos que contaminam os alimentos. *Food Microbiol.* 28:177-182. Chai T, C Chen, A Rosen e RE Levin, 1968. Deteção e incidência de bactérias de deterioração específicas em peixes. II. Incidência relativa de Pseudomonas putrefaciens e pseudomonas fluorescentes em filetes de arinca. Appl Microbiol. 16:1738-1741.

Charpentier E, G Gerbaud, C Jacquet, J Rocourt, e P Courvalin, 1995. Incidência de resistência aos antibióticos em espécies de Listeria. J Infect Dis. 172 :277-281.

Cieslak PR, SJ Noble, DJ Maxson, LC Empe e O Ravenholt , 1997. *Escherichia coli O157:H7* associada a hambúrgueres em Las Vegas: uma epidemia oculta. J Pub Health. 87:176-80.

Cintas LM, PE Heranz, MP Hernandaz e LF Nes, 2001. Revisão; bacteriocina de *Bactérias do Ácido Láctico*. Food Sci Tech Int. 7: 281-305. .

Clarke H e ST Cowan, 1952. Métodos bioquímicos para bacteriologia. J Gen Microbiol. 6:187-197.

Cleveland J, TJ Montville, IF Nes e ML Chikindas, 2001. Bacteriocinas: Antimicrobianos naturais e seguros para a conservação de alimentos. Int J Food Microbiol. 71:1-20.

Collins NE, LAM Kirschner e AV Holy, 1991. Caracterização de isolados de *Bacillus* de pão de corda, equipamento de panificação e matérias-primas. South Afri J Sci. 8: 62-66.

Cruickshank R, 1977. Medical Microbiology, 11th ed. The English Language Book Society, Londres.

David GW, S Zhao, S Shabbir, D David, F Patrick e F McDremott, 2002. Antimicrobial resistance of Food-borne pathogens (Resistência antimicrobiana dos agentes patogénicos de origem alimentar). Microb Infect. 4:405-412.

Daeschel, MA, 1989. Substâncias antimicrobianas de bactérias do ácido lático para utilização como conservantes alimentares. Food Technol. 43: 164-166.

Davies J, 1990. O que são os antibióticos? Funções arcaicas para actividades modernas Mol Microbiol. 4:1227-1232.

Diaz D, 2007. Efeito dos esporos de *Bacillus amyloliquefaciens CECT-5940* no desempenho e digestibilidade dos frangos de carne. J Bacteriol. 5:14-16.

Diep DB e IF Nes, 1996. Caracterização do locus responsável pela produção de bacteriocinas em *Lactobacillus plantarum*. J Bacteriol. 172:4472-4483.

Dominguez APM, D Bizani, F Cladera-Olivera e A Brandelli, 2007. Produção de Cereína 8A em proteína de soja usando metodologia de superfície de resposta. Biochem Eng J. 35: 238-243.

Earl AM, R Losick e R Kolter, 2008. Ecologia e genómica de *Bacillus subtilis*. Trends Microbiol. 16:269-275.

AESA, 2004. Parecer do Painel Científico dos Aditivos e Produtos ou Substâncias Utilizados na Alimentação Animal (FEEDAP) sobre a eficácia do produto Toyocerin para suínos de engorda. EFSA. 62: 1-5.

Ennahar S, 2002. Bacteriocinas de classe 2a: estrutura, biossíntese e atividade. FEMS Microbiol Rev. 24:85-106.

Falla TJ, DN Karunaratne e RE Hancock, 1996. Modo de ação do péptido antimicrobiano indolicidina. *J Biol Chem. 271*:19298-19303.

Fall R, 2004. Um método simples para isolar *Bacillus subtilis* formador de biofilme e espécies relacionadas de raízes de plantas. Sys Appl Microbiol. 27:372-379.

Fisher J, SO Meroueh e S Mobashery, 2005. Bacterial resistance to beta-lactam antibiotics: compelling opportunism, compelling opportunity. Chem Rev. 105: 395-424.

Florey HW, E Chain, NG Heatley, MA Jennings, AG Sanders, EP Abraham e ME Florey, 1949. Antibiotics. Oxford Univer- sity Press, Londres. pp 417-565.

Foldes T, I Banhegyi , Z Herpai, L Varga e J Szigeti, 2000. Isolamento de estirpes de *Bacillus* da rizosfera de cereais e rastreio in vitro ou antagonismo contra microrganismos fitopatogénicos, patogénicos de origem alimentar e de deterioração. J Appl Microb. 89: 840-846.

Folmsbee MJ, 2004. O crescimento anaeróbico de *Bacillus mojavensis* e *Bacillus subtilis* requer desoxirribonucleósidos ou ADN. Appl Environ Microbiol. 70:5252-5257.

Forbes BA, DF Sahm e AS Weissfeld, 2007. Bailey and Scott's diagnostic microbiology, 12ª ed., Mosby Company, St. Mosby Company, St. Louis, MO.

Fox PF, 1993. Uma visão geral: Em química, física e microbiologia do queijo. Fox PF. 2nd Ed. Cham and Hall, Londres. Pp 1-36.

Friedman CR, J Neimann, HC Wegener e RV Tauxe, 2002. Campylobacter. ASM Press, Washington DC publishers. 2nd edition. pp. 130-130.

Fredericq P, 1948. Actions antibiotiques r'eciproques chez les Enterobacteriaceae. Rev Belge Pathol Med Exp. 19:1-107.

Galvez A, LR Lucas, H Abrioue, E Valdivia e NB Omar, 2008. Aplicação de bacteriocinas em bactérias patogénicas e deteriorantes de origem alimentar. Crit Rev Biotechnol. 28: 125-152.

Guasch J, J Enfedaque, S Ferrer, D Gargallo e M Regue, 1995. Bacteriocina 28b, uma bacteriocina codificada cromossomicamente produzida pela maioria dos biótipos de *Serratia marcesens* Res Microbiol. 146:477-83.

Gautam N e N Sharma, 2007. Bacteriocin: abordagem mais segura para preservar produtos alimentares. *Ind J Microbiol*. 49(3): 204-211.

Gautam N e N Sharma, 2009. Purificação e caraterização da bacteriocina produzida pela estirpe de *Lactobacillus brevis MTCC* 7539. Ind J Biochem Biophys. 46:337-341.

Gebhardt K, JS Chimana e J Muller, 2002. Rastreio de metabolitos biologicamente activos com *bacilos* endossimbióticos isolados de artrópodes. FEMS Microbiol Lett. 217: 199-205.

Gouaux E, 1997. O longo e o curto da ação da colicina: a base molecular da atividade biológica das colicinas formadoras de canais. Struc. 5:313-77.

Guder A, T Schmitter, I Wiedemann, HG Sahl e G Bierbaum, 2002. Papel do regulador único MrsR1 e do sistema de dois componentes R2/K2 na regulação da produção de mersacidina e da imunidade. Appl Environ Microb. 68: 106-113.

Hammami I, A Rhouma, B Jaouadi, A Rebai e X Nesme, 2009. Otimização e caraterização bioquímica de uma bacteriocina de uma estirpe 14B de *Bacillus subtilis* recentemente isolada para o biocontrolo de estirpes de Agrobacterium sp. Lett Appl Microbiol. 48: 253-260.

Hall N, 2007. Tecnologias avançadas de sequenciação e o seu impacto mais alargado na microbiologia. J Exp Biol. 210:1518-1525.

Hancock RE e R Lehrer, 1998. Peptídeos catiónicos: Uma nova fonte de antibióticos. Tendências Biotecnológicas. 16: 82-88.

Hancock RE, 1997. Antibióticos peptídicos. The Lanc. 849: 418-422.

Helmick CG, PM Griffin, DG Addiss , RV Tauxe e DD Juranek, 1994. Infectious diarrheas,Digestive diseases in the United States: epidemiology and impact. Bethesda (MD): National Institutes of Health. Publicação nº 94-1447. Pp 85-120.

Heng NCK, PA Wescombe, JP Burton, RW Jack e JR Tagg, 2007. Bacteriocinas. Eco e Evo. 45: 92.

Hill C, M Rea e P Ross, 2009. Thuricin cd, um antimicrobiano que visa especificamente o *Clostridium difficile*. J Bacteriol. 176: 7335-7344.

Hikmate A, F Charles, NBE Bakali e A Galves, 2011. Diversidade e aplicações das bacteriocinas *de Bacillus*. FEMS Microbiol Rev. 5:12-14.

Hiss PH, 1902. Meios novos e simples para a diferenciação das colónias de *bacilos* tifóides, do cólon e *afins*. J Med Res. 8:148-167.

Hong HA, 2005. A utilização de formadores de esporos bacterianos como probióticos. FEMS Microbiol Rev. 29:813-835.

Horii T, T Kimura, K Sato, K Shibayama e M Ohta, 1999. Emergência de isolados resistentes à fosfomicina de *Escherichia coli* O26 produtora de toxina do tipo Shiga, Antimicrob Agents Chemother. 43:789-793.

Hosoi T e K Kiuchi, 2003. Natto - um alimento produzido através da fermentação de soja cozinhada com *Bacillus subtilis* (natto). Handbook of Fermented Functional Foods, Vol 1, CRC Publishers, Oxford. Pp. 227-245.

Huang Y, J Huang e Y Chen, 2010. Peptídeos antimicrobianos catiónicos alfa-helicoidais: Relações entre estrutura e função. *Célula proteica. 1*:143-152.

Hugh R e E Leifson, 1953. The taxonomic significance of fermentative versus oxidative metabolism of carbohydrates by various Gram negative bacteria. J Bacteriol. 66:24-26.

Iqbal A, 1998. Produção, purificação e caraterização de bacteriocinas a partir de estafilococos clínicos indígenas. Tese de doutoramento, Universidade de Karachi, Repositório de Investigação do Paquistão, Comissão de Ensino Superior, código de identificação 1112.

Jacob F, A Lwoff, A Siminovitch, e E Wollman. 1953. Definition de quelques termes relatifs 'a la lysog'enie. Ann Inst Pasteur (Paris) 84:222- 224.

Jack RW, JR Tagg e B Ray, 1995. Bacteriocina de bactérias Gram positivas. Microbiol Rev. 59:171-200.

Jaenicke R, 2005. Abundância de material celular e proteínas na atmosfera. Sci . 308:73.

James R, C Kleanthous e GR Moore, 1996. A biologia das colicinas E: paradigmas e paradoxos. Microbiol. 142:1569- 80.

Jordan EO, ME Caldwell e D Reiter, 1934. Bacterial motility. J Bacteriol. 27:165-174.

Kaiser A e TJ Montville, 1996. Purificação da bacteriocina, bavaricina MN e caraterização do modo de ação contra células e vesículas lipídicas de *Listeria monocytogenes* scott A. Appl Environ Microbiol. 62: 4529-4535.

Klaenhammer TR, 1988. Bacteriocinas de bactérias *Bacillus*. J Biochem. 70:337-349.

Klaenhammer TR, 1993. Genetics of bacteriocins produced by Lactic Acid bacteria. FEMS Microbiol Rev.

Klaenhammer TR, 1988. Bacteriocinas de bactérias do ácido lático. Biochimie. 70:337- 49

Kleinkauf H, e HV Dohren, 1990. Biossíntese não ribossómica de antibióticos peptídicos. Eur J Biochem. 192:1-15.12:39-85.

Konisky J, 1982. Colicinas e outras bacteriocinas com modos de ação estabelecidos. Annu Rev Microbiol. 36:125-44.

Korenblum E, ID Weid, AL Santos, AS Rosado, GV Sebasti, CM Coutinho, FC Magalha, MM Paiva e L Seldin, 2005. Produção de substâncias antimicrobianas por *Bacillus subtilis* LFE-1, B. firmus HO-1 e B. licheniformis T6-5 isolados de um reservatório de petróleo no Brasil. J Appl Microbiol. 98: 667-675.

Korenblum E, GV Sebasti'an, MM Paiva, CM Coutinho, FC Magalha, BM Peyton e L Seldin, 2008. Ação de substâncias antimicrobianas produzidas por diferentes estirpes de *Bacillus* reservatório de óleo contra a formação de biofilme. Appl Microbiol Biot. 79: 97-103.

Kozak W, J Bardowsky e WT Doberzanski, 1977. Bacteriocina produzida por *Streptococcus* Lactis. Biol. 25: 217-221.

Krieg N, 1984. Bergey's Manual of Systemic Bacteriology, vol 1. Williams e Willikins: Baltimore.

Kumar A e HP Schweiser, 2005. Bacterial resistance to antibiotics active efflux and reduced uptake. Adv Drug Deliv Rev. 57: 1486-1513.

Kunst F, 1997. A sequência completa do genoma da bactéria gram-positiva *Bacillus subtilis*. Nat. 390:249-256.

Lappe R, AS Motta, VS Anna e A Brandelli , 2009. Inibição de *Salmonella Enteritidis* por cereína 8A, EDTA e lactato de sódio. Int J Food Microbiol. 135: 312-316.

Lawton EM, RP Ross, C Hill e PD Cotter, 2007. Lantibióticos de dois peptídeos: uma perspetiva médica. Mini Rev Med Chem. 7: 1236-1247.

Lee KH, KD Jun, WS Kim e HD Paik, 2001. Caracterização parcial da polifermenticina SCD, uma bacteriocina recentemente identificada de *Bacillus polyfermenticus*. Lett Appl Microbiol. 32: 146151.

Lee KD, EJ Gray, F Mabood, WJ Wung, T Charles, SR Clark, A Ly, A Souleimanov, X Zhou e LD Smith, 2009. A bacteriocina de classe IId thuricin-17 aumenta o crescimento das plantas. Planta. 229:747-55.

Leifson E, 1960. Atlas de flagelação bacteriana. Academic Press, Inc, Nova Iorque, NY.

Lennette EH, A Balows, WJ Hausler, HJ Shadomy, 1985. Manual of clinical microbiology, 4ª ed. pp 918-919, 945. Sociedade Americana de Microbiologia, Washington, DC.

Levine M, 1916. Sobre o significado da reação de Voges-Proskauer. J Bacteriol. 1:153-164.

Lewus CB, A Kaiser e TJ Montville, 1991. Inibição de agentes patogénicos bacterianos de origem alimentar por bacteriocinas de *bactérias do ácido lático* isoladas da carne. Appl Environ Microb. 57: 1683-1688.

Liu W e JN Hansen, 1992. Melhoria das propriedades químicas e antimicrobianas da subtilina por mutagénese dirigida ao local. J Biol Chem. 267:25078-25085.

Lone G, R Lars, R Maria, BB Jesper e B Allan, 2002. Food spoilage_ interacções entre bactérias de deterioração alimentar. Int J Food Microbiol. 78:79-97.

Low JC, M Angus, G Hopkins, D Munro e SC Rankin, 1997. Resistência antimicrobiana de isolados de *Salmonella enterica Typhimurium DT104* e investigação de estirpes com resistência transferível à apramicina. Epidemiol Infect. 118:97-103.

Ludwig W, KH Schleife e WB Whitman, 2009. Bergey's Manual of Systematic Bacteriology, *The Firmicutes*. Nova Iorque, NY: Springer-Verlag. 3:1-17.

Maloy WL e UP Kari, 1995. Estudos de estrutura-atividade sobre magaininas e outros peptídeos de defesa do hospedeiro. *Biopolímeros. 37*:105-122.

MacFaddin JF, 1980. Biochemical tests for identification of medical bacteria, 2nd ed., Lippincott Williams and Wilkins. Lippincott Williams and Wilkins. Philadelphia,PA.

MacFaddin JF, 2000. Biochemical tests for identification of medical bacteria, 3rd ed., Lippincott Williams and Wilkins, Philadelphia, PA. Lippincott Williams and Wilkins, Philadelphia, PA.

Manchester A e A Clauson, 1994. As despesas com alimentação fora de casa ultrapassam as despesas com alimentação em casa. Food Rev. 18:12-5.

Mansour A, R Zeinab e AZ Ahmady, 2015. Isolamento e identificação de espécies de *Bacillus* do solo e avaliação da sua atividade antibacteriana. Avi J Clin Microbiol Infect. 2:1.

Marise AH e Z Anne, 2008. Protocolos de coloração ácido-rápida. ASM Microbial Lib. 1:12-14.

Martirani L, MV Arcamonti, G Naclerio e MD Felice, 2002. Purificação e caraterização parcial da bacilocina 490, uma nova bacteriocina produzida por uma estirpe termofílica de *Bacillus licheniformis*. Microb Cell Fact.1:1-5.

Martin J e AL Demain. 1980. Controlo da síntese de antibióticos. Microbiol Rev. 44:230-254.

Mcphee JB e RE Hancock, 2005. Função e potencial terapêutico dos péptidos de defesa do hospedeiro. J Peptide Sci, 11: 677-687.

Mead PS, L Slutsker, V Dietz, LF McCaig, JS Bresee, C Shapiro, 1999. Food-related Illness and death in the United States (Doenças e mortes relacionadas com a alimentação nos Estados Unidos). Emerg Infect Dis. 5607-5625.

Meng J, S Zhao, MP Doyle e SW Joseph, 1998. Antibiotic resistance of *Escherichia coli* O157:H7 and O157: NM isolated from animals, food, and humans. J Food Prot. 61:15111514.

Meriwether RA, 1996. Blueprint for a national public health surveillance system for the 21st Century. J Pub Health Mng Prac. 2:16-23.

Merril CR, D Goldman, SA Sedman e MH Elbert, 1981. A coloração ultrassensível para proteínas em géis de poliacrilamida mostra a variação regional das proteínas do líquido cefalorraquidiano. Sci. 211:1437-1438.

Metchinikoff, E, 1907. O prolongamento da vida. Opt stu.3:5-12.

Milles H, W Lesser e P Sears, 1992. The economic implication of bioengineered mastitis control. J Dairy Sci. 75: 596-605.

Mishu B, AA Ilyas, CL Koski, F Vriesendorp , SD Cook e FA Mithen, 1993. Evidência serológica de infeção prévia por *Campylobacter jejuni* em pacientes com a síndrome de Guillain-Barré. Ann Intern Med. 118:947-53.

Molitor E, C Kluczny, H Brotz, G Bierbaum, R Jack e HG Sahl ,1996. Efeitos do lantibiótico mersacidina na morfologia dos estafilococos. Zbl Bakt. 284: 318-328.

Mota MM, G Lapointe, C Lacroix e MC Lavoie, 2000. CIMs de mutacina B-Ny266, nisina A, vancomicina e oxacilina contra agentes patogénicos bacterianos. Antimicrob Agents Chemother. 44:24-29.

Mutus R, N Kocabagli, M Alp, N Acar, M Eren e SS Gezen, 2006. The effect of dietary probiotic supplementation on tibial bone characteristics and strength in broilers. Poultry Sci. 85: 1621-1625.

Naclerio G, E Ricca, EM Sacco e M De Felice, 1993. Atividade antimicrobiana de uma bacteriocina recentemente identificada de *Bacillus cereus*. Appl Environ Microbiol. *59*: 4313-4316.

Naghmouchi K, J Baah, D Hober, E Jouy, C Rubrecht, F San e D Dridere, 2013. Efeito sinérgico entre a colistina e as bacteriocinas no controlo de agentes patogénicos Gram-negativos e o seu potencial para reduzir a toxicidade antibiótica em células epiteliais de mamíferos. Anti Agents Chemother. 57: 2719-2725.

Neu HC, 1992. A crise da resistência aos antibióticos. Sci. 257:1064-73.

Nguyen LT, EF Haney e HJ Vogel, 2011. O âmbito alargado das estruturas de péptidos antimicrobianos e os seus modos de ação. *Trends Biotechnol. 29*:464-472.

Nicholson WL, 2002. Funções dos endosporos *de Bacillus* no ambiente. Cell Mol Life Sci. 9: 410-416.

Nivedita S, R Kapoor, N Gautam e R Kumari, 2011. Purificação e Caracterização da Bacteriocina Produzida por *Bacillus subtilis R75* Isolada de Pedaços Fermentados de Feijão Mung (Phaseolus radiatus). Food Technol Biotechnol. 49:169-176.

Pandey A e LM Palni, 1997. *Bacillus* species: the dominant bacteria of the rhizosphere of established tea bushes. Microbiol Res. 152:359-365.

Norles,Y e B Ray, 1993. Factores que influenciam a imunidade e a resistência de Pediococcus acidilactici à bacteriocina, prediocina AcH. Lett Appl Microbiol. 18:138-143.

Ogunbanwo ST, AI Sanni e AA Onilude, 2004. Influência da bacteriocina no controlo da infeção por *Escherichia coli* em frangos de carne na Nigéria. World J Microb. 20: 51-56.

Oguntoyinbo A, AI Sanni, CMAP Franz e WH Holzapfel, 2007. Estudos de fermentação *in vitro* para seleção e avaliação de estirpes de *Bacillus* como culturas de arranque para a produção de okpehe, um condimento fermentado tradicional africano. Int J Food Microbiol. 113: 208-218.

Oguntoyinbo FA, M Huch, GS Cho, U Schillinger, WH Holzapfel, AI Sanni e CMAP Franz, 2010. Diversidade de espécies de Bacillus isoladas de okpehe, um condimento tradicional de sopa fermentada da Nigéria. J Food Protect. 73: 870-878.

Oman TJ e WA van der Donk, 2009. Informações sobre o modo de ação do lantibiótico haloduracina de dois péptidos. ACS Chem Biol. 4: 865-874.

Pandey A e LMS Palni, 1997. *Bacillus* species: the dominant bacteria of the rhizosphere of established tea bushes. Microb Res. *152*(4):359-365.

Park SH, HE Kim, CM Yun, HJ Choi e EC Lee, 2002. Papel da prolina, cisteína e uma ponte dissulfureto na estrutura e atividade do péptido antimicrobiano gaegurina 5. *Biochem J. 368*:171-182.

Passaro DJ, R Reporter , L Mascola , L Kilman , G Malcolm e H Rolka, 1996. Doença epidémica causada por infeção por *Salmonella enteritidis* no condado de Los Angeles: predominância do fago tipo 4. West J Med. 165:126-30.

Palitzsch S, 1911. Aplicação do vermelho de metilo à estimativa colorimétrica das concentrações de iões de hidrogénio. Biochem Z. 37:131-138

Pattnaik P, JK Kaushik e S Grover , 2001. Purificação e caraterização de um composto semelhante a uma bacteriocina (liquenina) produzido anaerobicamente por *Bacillus licheniformis* isolado de búfalos. J Appl Microbiol. 91: 636-645.

Pinchuk P, B Ressollier, BV Erneuil, B Fenet , IB Sorokulova , F Graud e MC Urdac, 2001. Invitro Anti- *Helicobacter pylori* activity of the Probiotic Strain *Bacillus subtilis3* is Due to Secretion of Antibiotics. Antimicrob Agents and Chemother. 45:3156-3161.

Pitt J e AD Hocking, 1997. Fungi and Food Spoilage, 2ª ed. Blackie Academic and Professional, vol 1.596 pp.

Prats G, B Mirelis, T Llovet, C Munoz, E Miro e F Navarro, 2000. Tendências da resistência aos antibióticos em bactérias enteropatogénicas isoladas em 1985-1987 e 1995-1998 em Barcelona. Antimicrob Agents Chemother. 44:1140-1145.

Priest FG, AL Sonenshein, JA Hoch, e R Losick, 1993. *Bacillus subtilis* e outras bactérias GramPositivas: Biochemistry, Physiology and Molecular Genetics. Washington DC American Society for Microbiology. 2nd ed. Pp 336-337.

Pugsley A, 1984. The ins and outs of colicins. Microbiol Sci. 1:168-175.

Riley MA, 1993. Seleção positiva para a diversidade de colicinas em bactérias. Mol Biol Evol. 10:1048-59.

Rammelsberg L e F Radler, 1990. Polipéptidos antibacterianos de espécies de *Lactobacillus*. J Appl Bacteriol. 69:177-184.

Riley MA e JE Wertz, 2002. Bacteriocin diversity: ecological and evolutionary perspectives (Diversidade de bacteriocinas: perspectivas ecológicas e evolutivas). Biochimie. 84: 357-364.

Roberts MC, B Facinelli, E Giovanetti e PE Varaldo, 1996. Resistência transferível à eritromicina em *Listeria* spp. isoladas de alimentos. Appl Enviro Microbiol. 62: 269-270.

Rozek, A, JP Powers, CL Friedrich e RE Hancock, 2003. Conceção baseada na estrutura de um análogo do péptido da indolicidina com maior estabilidade da protease. *Biochem. 42*:1413014138.

Schuchat A, B Swaminathan e CV Broome, 1991. Epidemiology of human listeriosis. Clin Microbiol Rev. 4:169-83.

Sakamoto K, A Margolles, V Veen e HW Konings, 2001. A resistência ao lúpulo na bactéria de deterioração da cerveja *Lactobacillus brevis* é mediada pelo transportador de múltiplos fármacos HorA da cassete de ligação ATP. J Bacteriol. 183:5371-5375.

Sambrook J, EF Fritsch e T Maniatis, 1989. Molecular cloning: A Laboratory Manual editado por Cold Spring Laboratory Press, Nova Iorque.

Sanlibaba P e B Uymaz, 2014. Características da bacteriocina e sua história. Food Tech.4:18.

Schlundt J, 2002. Novas direcções na prevenção de doenças transmitidas por alimentos. Int J Food Microbiol. 78:3-17.

Savadogo A, ATO Cheik, HNB Imael e AS Traore, 2004. Atividade antimicrobiana da bacteriocina de LAB isolada do leite fermentado do Burkina Faso. Pak J Nutr. 3:172-179.

Sharma N, A Attri e N Gautam, 2009. Purificação e caraterização da substância semelhante à bacteriocina produzida a partir de *Bacillus lentus* com a perspetiva de um novo biopreservante para a conservação de alimentos. Pak J Sci Ind Res. 52: 191-199.

Sharma N e N Gautam, 2007. Use of bacteriocin as potential biopreservative in milk, cheese and apple juice. *Bev Food World. 34:* 44-47.

Settanni L, S Valmorri, G Suzzi e A Corsetti, 2008. O papel dos factores ambientais e da composição do meio na produção de substâncias inibitórias semelhantes a bacteriocinas (BLIS) por estirpes de *Enterococcus mundtii. Food Microbiol.* 25:722- 728.

Sharp RJ, MD Scawe e T Atkinson, 1989. Fermentação e processamento a jusante de *Bacillus*. Manual de Biotecnologia: *Bacillus*. Plenum Press, Nova Iorque. Harwood CR ed 2nd . Pp. 255-292.

Shrikant S, R Singh e S Rana, 2011. Peptídeo bioativo: A Review. Int Bioauto.15: 223-250. Sirtori LR, FC Olivera , DM Lorenzini , SM Tsai e A Brandelli, 2006. Purificação e caraterização parcial de um péptido antimicrobiano produzido por *Bacillus* sp. estirpe P45, uma bactéria do peixe da bacia amazónica Piaractus mesopotamicus. J Gen Appl Microbiol. 52: 357-363.

Slepecky R e E Hemphill, 2006. O género *Bacillus*, Nonmedical. The Prokaryotes, Vol. 4, Schleifer K-H & Stackebrandt Publishers. Pp. 530-562.

Sonenshein AL, 2000. Controlo do início da esporulação em *Bacillus subtilis. Curr Opinion in Microbiol.* 6: 561 - 566.

Smith D, KD Lee, E Gray, A Souleimanov e X Zhou, 2008. Utilização de bacteriocinas para promover o crescimento das plantas e a resistência às doenças. Número do pedido de patente dos EUA: 20080248953.

Sonenshein, AL, 2002. *Bacillus subtilis* e os seus parentes mais próximos: Dos genes às células. ASM Press. 4:12-14.

Sorokulova IB, DK Kirik e IV Pinchuk, 1997. Probióticos contra agentes patogénicos de *Campylobacter. J Trav Med.* 4:167-170.

Stein T, 2005. Antibióticos *de Bacillus subtilis*: estruturas, sínteses e funções específicas. *Mol Microbiol.* 4: 845-857.

Sutyak KE, RA Anderson, SE Dover, KA Feathergill, AA Aroutcheva e S Faro, 2008. Atividade espermicida do péptido antimicrobiano natural seguro subtilosina. Infect Dis Obstet Gynecol. 5: 12-14.

Svetoch EA, NJ Sterm e BV Eruslanov, 2005. Isolamento de estirpes de *Bacillus circulans* e *Paenibacillus polymyxa* inibidoras de *Campylobacter jejuni* e caraterização das bacteriocinas associadas. J Food Protect. 68: 11-17.

Tagg JR, 1991. BLIS bacteriana. ASM News. 57:611.

Tagg JR, AS Dajani e LW Wannamaker, 1976. Bacteriocinas de bactérias gram-positivas. Bacteriol Rev. 40:722-756.

Tagg JR, AS Dajani e LW Wannamaker, 1976. Bacteriocinas de bactérias gram-positivas. Bact Rev. 40:722-56.

Tagg JR e AR McGiven, 1971. Sistema de ensaio de bacteriocinas. J Appl Microbiol. 21: 943-948.

Tam NK, 2006. O ciclo de vida intestinal de *Bacillus subtilis* e seus parentes próximos. J Bacteriol. 188: 2692-2700.

Tauxe RV, 1997. Emerging foodborne diseases: an evolving public health challenge, Emerg. Infect. Dis. 3:425-434.

Tauxe RV, 1992. Epidemiologia das infecções por *Campylobacter jejuni* nos Estados Unidos e noutras nações industrializadas. Am Soc of Microbiol. 1992. 2:9-19.

Tauxe RV, H Kruse, C Hedberg , M Potter , J Madden J e K Wachsmuth, 1997. Microbial hazards and emerging issues associated with produce; a preliminary report to the National Advisory Committee on Microbiologic Criteria for Foods. J Food Pro. 23:1212-1214.

Teixeira V, MJ Feio e M Bastos, 2012. Papel dos lípidos na interação dos péptidos antimicrobianos com as membranas. *Prog. LipidRes. 51*:149-177.

Threlfall EJ, 2000. Epidemic *Salmonella typhimurium* DT 104-a truly international multi resistant clone, J Antimicrob Chemother. 46:7-10.

Tim S, 2008. Técnicas de preparação e esterilização de material de vidro. Técnicas laboratoriais em bioquímica e biologia molecular. ELSEVIER. Vol 8. Pp 151-164.

Toure Y, M Ongene, P Jeques e A Guiro, 2004. Papel dos lipopeptídeos produzidos por *B. subtilis* GA1 na redução da doença do bolor cinzento causada por Botrytis cineria na maçã. J Appl Microbiol. 96: 1151-1160

Tran LS, 2000. Estrutura divergente dos componentes quorum-sensing ComQXPA: base molecular do mecanismo de comunicação específico da estirpe em *Bacillus subtilis*. Mol Microbiol. 37:1159-1171.

Trokar KG e BB Matijasic, 2003. Caracterização parcial da bacteriocina produzida por Bacillus cereus isolado de leite e produtos lácteos. Biotechnol. 41: 121-125.

Upreti GC e RD Hinsdill, 1975. Produção e modo de ação da lactocina 27-bacteriocina de um *Lactobacillus* homofermentativo. Antimicrob Agents Chemother. 7:139-45

Vant H, W Veerman, EC Helmerhorst, EJ Amerongen, 2001. Peptídeos antimicrobianos: Propriedades e aplicabilidade. *Biol Chem. 382*:597-619.

Voet JG, 1990. Biochemistry. John Wiley & Sons, Nova Iorque, NY. Pp 256.

Vaughn RH, NB Mitchell e M Levine, 1939. As reacções Voges-Proskauer e vermelho de metilo no grupo coli-aerogenes. J Am Water Works Assoc. 31: 993-1001.

Vracko R e JC Sherris, 1963. Teste da mancha de indole em bacteriologia. Am J Clin Pathol. 39:429-432.

Willey JM e WA Donk, 2007. Lantibióticos: péptidos de estrutura e função diversas. Annu Rev Microbiol. 61: 477-501.

Wang HL e CW Hesseltine, 1982. Alimentos fermentados orientais. Microbiologia Industrial de Prescott e Dunn. AVI Publishing Company Hartford, CT. Vol 3.2nd ed. Pp 492-538. 3.

Wheelis M, 2008. Principles of modern microbiology. Jones and Bartlett Publishers, Inc, Sudbury, MA.

Willis WL e C Murray, 1997. Observações da recuperação sazonal de *Campylobacter jejuni* em frangos de carne do mercado retalhista. Poult Sci. 76:314-317.

Won HS, SJ Jung, HE Kim, MD Seo e BJ Lee, 2004. Engenharia sistemática de péptidos e caraterização estrutural para procurar o análogo mais curto do péptido antimicrobiano da gaegurina 5. *J Biol Chem. 279*:14784-14791.

Xie J, R Zhang, C Shang e Y Guo, 2009. Isolamento e caraterização de uma bacteriocina produzida por um *Bacillus subtilis LFB112* isolado que exibe atividade antimicrobiana contra agentes patogénicos de animais domésticos. Afr J Biotechnol . 8: 5611-5619.

Yokotsuka T, 1985. Fermented protein foods in the orient, with emphasis on shoyu and miso in Japan in, 'Microbiology of fermented foods' edited by Wood BJB, Elsevier Appl Sci publishers, UK. Pp.275-289.

Zasloff M, 2002. Peptídeos antimicrobianos de organismos multicelulares. Nat. 415: 389-395.

Zimbro MJ, DA Power, SM Millwer, GE Wilson e JA Johnson, 2009. Difco and BBL manual: manual of biological culture media, 10th ed, pp 879-880. Becton Dickinson and Co, Sparks, MD.

MIX
Papier aus verantwortungsvollen Quellen
Paper from responsible sources
FSC® C105338

Printed by Books on Demand GmbH, Norderstedt / Germany